코바늘로 하루에 한 개 뚝딱!

캐릭터 도넛 인형

50

레이첼 자인 지음 · 브론테살롱 옮김

Index ◎◎◎◎◎

도넛 인형 세계에 온 것을 환영해요!

저는 영국에서 태어난 손뜨개 디자이너 레이첼 자인이에요. 손뜨개에 대한 저의 사랑은 8살 때 시작되었어요. 어린 저는 할머니가 가장 좋아하는 의자에 앉아 대바늘뜨기와 코바늘뜨기하시는 걸 보곤 했답니다. 그것은 정말 매혹적이었어요. 그저 '막대기'와 '실'을 가지고 그렇게 아름다운 것을 만들어 내다니요!

제가 진짜 뜨개와 사랑에 빠지게 된 것은, 뜨개를 흥미롭게 지켜보는 저를 알아보시고 할머니가 뜨개바늘과 실 몇 개를 선물하셨던 때였어요. 25년이 지난 지금도 그 뜨개바늘을 가지고 있답니다.

진정한 코바늘 여행이 시작된 순간은, 그 뜨개바늘을 집어 들었던 때로부터 15년이 지나서였어요. 첫 아이를 낳고 나니, 어렸을 때 할머니가 만들어주신 것처럼 아들에게 손뜨개 장난감을 만들어 주고 싶었어요. 이것이 저의 손뜨개 인형에 대한 사랑의 시작이었답니다. 저는 바늘과 실을 집어 들고 첫 번째 손뜨개 인형 토끼를 만들었어요. 그러고는 다시 사랑에 빠지게 되었죠.

나와 내 아이를 위해 인형을 만들어야겠다고 결심한 뒤, 온라인에서 Oodles of Crochet 스토어를 열었어요. 둘째 아들이 태어났을 때, 저는 도넛 모양의 장난감 인형을 디자인했지요. 재미있고 귀여운 도넛 인형들은 특히 갓난아기와 아이들을 위해 만들었답니다.

이 책에는 50개의 도넛 인형 패턴과 고유한 기술이 있어서, 초보자든 중급자든 상관없이 누구나 도전할 수 있어요. 가장 좋은 점은 색과 스타일을 자유롭게 변형해서 여러분 자신만의 독특한 인형을 만들 수 있다는 거예요.

도넛 인형은 아이와 상상 놀이를 하는 데 좋은 장난감이에요. 집 주위를 비밀 사파리로 만들고, 동물 친구들과 티 파티를 하거나, 동물을 색상별로 혹은 세트로 만들어 노는 멋진 경험을 해 보세요. 작은 바늘과 가벼운 실을 사용해서 아기에게 친숙한 소품을 만들거나, 좀 더 큰 바늘과 실을 이용해서 푹신하고 아늑한 집에 어울리는 장식을 만들어 보세요.

이 책은 도넛 인형 손뜨개의 기쁨과 행복을 널리 퍼뜨리는 저만의 방법이랍니다. 여러분들이 저만큼이나 이 장난감들을 사랑할 것이라는 느낌이 들어요.

모두 행복한 손뜨개 시간을 갖길 바라며!

Rachel Zain

이 책의 활용법

난이도

이 책의 모든 패턴에는 도넛의 개수로 난이도가 표시되어 있어요. 초보자용 도넛 1개부터 고급자용 도넛 5개까지 단계별로 표시했어요.

단

기본 도넛은 각 단에서 연속하여 나선형으로 이어져요.

패턴 읽는 법

* 각 단계에 익숙해지려면 시작하기 전에 전체 패턴을 먼저 읽는 것이 좋아요. 패턴은 시작 부분에 단이 표시되어 있어요. 뜨개 마커로 이전 단의 마지막 코에 표시하고 다음 단의 패턴을 따라가세요. 표시해 둔 곳까지 돌아오면 뜨개 마커를 다음 단의 끝으로 다시 옮겨가며 뜹니다.

* 패턴은 대부분 나선형이에요. 패턴에 특별히 표시되어 있을 때만 사슬을 만드세요. 작업이 끝난 부분에 펜으로 표시해 두면 다음 작업을 할 때 찾기 쉬워요.

* 패턴의 *(별표) 기호는 반복이 시작되는 곳이에요. 패턴에서 반복을 지시할 때 별표에서 시작하세요.

* [ ] 안에 지시된 패턴 도안은 반복하세요. 괄호 뒤에 횟수만큼 [ ] 안의 패턴을 반복하세요.

* 각 단의 끝에는 완료해야 할 총 콧수가 ( )안에 표시되어 있어요.

* 1단의 기초 사슬코를 제외한 사슬코는 콧수에 포함하지 않아요.

바늘

코바늘은 다양한 모양과 크기가 있어요. 큰 바늘은 큰 코를 만들고 작은 바늘은 작은 코를 만들어요. 실의 굵기와 무게에 적당한 바늘 크기를 선택해서 사용하는 것이 중요해요. 그래야만 최상의 뜨개 결과를 얻을 수 있어요.

이 책에 나오는 작품의 크기는 쉽게 조절할 수 있어요. 예를 들어 도넛 베개를 뜨려면 6~7mm의 바늘과 굵은 실을 사용하세요. 작은 열쇠고리나 장식을 만들려면 2.5mm의 바늘과 얇은 실을 사용하세요. 가능성은 무궁무진하답니다!

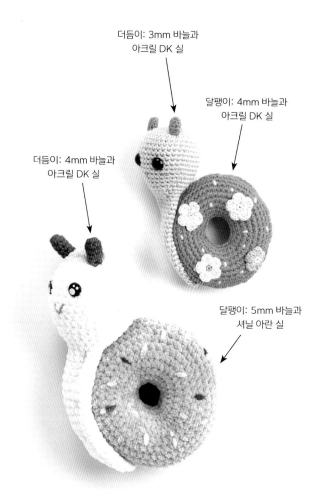

더듬이: 3mm 바늘과 아크릴 DK 실

달팽이: 4mm 바늘과 아크릴 DK 실

더듬이: 4mm 바늘과 아크릴 DK 실

달팽이: 5mm 바늘과 셔닐 아란 실

도구 & 재료

뜨개바늘

뜨개바늘은 보통 알루미늄, 플라스틱, 또는 나무로 만들어요. 금속 바늘은 뜨개를 할 때 잘 미끄러져 뜨기 쉬워요. 손을 편안하게 하려면 고무나 인체공학적인 손잡이를 선택하세요. 2.5mm, 3mm, 4mm 바늘이 필요해요.

뜨개 마커

각 단의 처음이나 마지막 코를 쉽게 찾기 위해서 마커로 표시해요. 다양하고 재미있는 마커들이 있답니다. 뜨개실과 대조적인 색의 실을 사용하거나 종이 클립, 옷핀 등을 사용할 수 있어요.

섬유 충전재

섬유 충전재는 보통 폴리에스터로 만들어요. 부드럽고 세탁할 수 있어요. 동물 친구들을 동그란 모양으로 만들기 위해서 사용해요. 너무 많은 양을 넣지 않도록 주의하세요.

인형 눈

특별하게 제시되어 있지 않다면 10~14mm의 검정 인형 눈을 사용하세요. 달아야 할 위치를 미리 확인하세요. 3세 미만의 아이를 위해 인형을 만들 때는 안전하게 실로 눈을 만들어 주세요.(11쪽 눈 만들기 참조)

가위

끝이 뾰족한 작은 가위가 실을 잘라내기에 좋아요. 닿기 어려운 곳의 실까지 잘라낼 수 있어요.

실, 돗바늘

실의 종류에 따라 색 이름이 다르니 사진과 준비할 재료를 보고 비슷한 계열의 실을 골라 사용하세요. 또 제시된 바늘과 다른 크기와 길이의 바늘을 사용할 수도 있어요.

자수실

더 깔끔한 마무리를 하기 위해서 자수실을 사용할 수 있어요. 장식할 때 주로 사용해요.

면사

면사는 부드러워서 어린 아기들을 위한 인형을 만들 때 사용해요.

아크릴사

아크릴사는 조금 더 큰 어린이를 위한 인형을 만들 때 사용해요.

핀

뜨개를 하고 각 부분의 위치를 고정할 때 사용해요.

딸랑이

도넛의 귀나 코, 몸 안에 넣어 소리를 낼 수 있는 재료예요. 1×2cm 크기가 적당해요. 큰 소리를 내려면 여러 개를 넣어 주세요.

주의 사항

3세 미만의 아이에게는 인형 눈을 사용하지 않는 것이 안전해요. 선물할 때도 작은 액세서리가 매달린 부분은 빼놓으세요.

기본 도넛 패턴

이 책에 나오는 도넛 인형은
기본 도넛 패턴에서 시작해요.
이 패턴으로 기본 도넛과
아이싱, 스프링클을 만든 후
도넛 인형을 완성하세요.

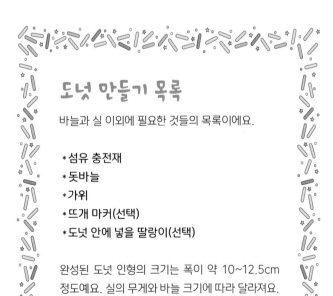

준비할 재료

* 모사용 코바늘: 4mm

* 실: 면사 또는 아크릴사

* 도넛 만들기 패턴

도넛 만들기 목록

바늘과 실 이외에 필요한 것들의 목록이에요.

* 섬유 충전재
* 돗바늘
* 가위
* 뜨개 마커(선택)
* 도넛 안에 넣을 딸랑이(선택)

완성된 도넛 인형의 크기는 폭이 약 10~12.5cm
정도예요. 실의 무게와 바늘 크기에 따라 달라져요.

기본 도넛

기본 도넛과 아이싱 패턴은 빼뜨기로 연결하지 않고 나선형으로 작업한다. 첫 단의 첫 코에 뜨개 마커를 끼워두면 단의 마지막을 알 수 있다. 단이 바뀌면 마커를 위로 이동한다.

◐ **바늘**: 4mm

◐ **실**: 선택한 색상의 실

◐ **뜨개 방법**

사슬뜨기 20, 첫코에 빼뜨기해서 원을 만든다. Ⓐ

1단: 사슬뜨기 1개, [짧은뜨기 1, 1코에 짧은뜨기 2] × 10(30코)

*짧은뜨기는 사슬뜨기한 코에서 시작한다.

*1~16단까지 사슬뜨기는 콧수에 포함하지 않는다.

2단: 모든 코에 짧은뜨기 1(30코)

3단: [짧은뜨기 2, 1코에 짧은뜨기 2] × 10(40코) Ⓑ

4단: 모든 코에 짧은뜨기 1(40코) Ⓒ

5단: [짧은뜨기 3, 1코에 짧은뜨기 2] × 10(50코)

6~11단: 모든 코에 짧은뜨기 1(50코) Ⓓ

12단: [짧은뜨기 3, 안 보이게 줄이기 1] × 10(40코)

13단: 모든 코에 짧은뜨기 1(40코) Ⓔ

14단: [짧은뜨기 2, 안 보이게 줄이기 1] × 10(30코)

15단: 모든 코에 짧은뜨기 1(30코)

16단: [짧은뜨기 1, 안 보이게 줄이기 1] × 10(20코)

◐ **마무리**

① 빼뜨기한 후 10cm 이상 실을 남기고 자른다. Ⓕ

② 도넛을 납작하게 접어서 양쪽 구멍이 닿도록 하고, 구멍 안쪽에서 바느질하여 연결한다. Ⓖ

③ 연결하는 동안 충전재를 조금씩 밀어 넣는다. 딸랑이를 넣으려면 이 단계에서 도넛 안에 넣는다.

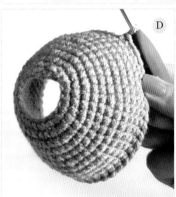

아이싱

○ **바늘**: 4mm ○ **실**: 선택한 색상의 실

○ **뜨개 방법**

사슬뜨기 20, 첫코에 빼뜨기해서 원을 만든다.

1~5단: 기본 도넛 패턴 1~5단을 반복(50코)

6~8단: 모든 코에 짧은뜨기 1(50코)

9단: 흐르는 아이싱 모양 만들기

방울 1: 짧은뜨기 1, 긴뜨기 1, 한길긴뜨기 1, 두길긴뜨기 1, 한길긴뜨기 1, 긴뜨기 1, 짧은뜨기 3

방울 2: 긴뜨기 1, 한길긴뜨기 2, 두길긴뜨기 1, 긴뜨기 1, 짧은뜨기 3

방울 3: 긴뜨기 1, 한길긴뜨기 2, 긴뜨기 1, 짧은뜨기 3

방울 4: 긴뜨기 1, 한길긴뜨기 1, 두길긴뜨기 2, 한길긴뜨기 1, 긴뜨기 1, 짧은뜨기 3

방울 5: 긴뜨기 1, 한길긴뜨기 2, 두길긴뜨기 1, 한길긴뜨기 1, 긴뜨기 1, 짧은뜨기 3

방울 6: 긴뜨기 2, 한길긴뜨기 3, 짧은뜨기 3

○ **마무리**

① 빼뜨기한 후 10cm 이상 실을 남기고 자른다. Ⓗ

② 스프링클로 꾸미고 싶다면, 아이싱에 작업한다.

③ 나사형 인형 눈일 경우 아이싱에 달아 준다.

③ 기본 도넛에 아이싱을 얹고, 가운데 구멍에서 시작해서 가장자리로 옮겨가며 바느질하여 연결한다. Ⓘ~Ⓙ

스프링클

○ **장식하기**

① 도넛에 어울리는 실과 돗바늘을 준비한다.

② 아이싱의 뒤쪽에서 앞쪽으로 통과하며 수놓는다. Ⓚ

③ 뒤쪽에서 매듭짓는다.

눈

기본 도넛에 눈을 붙이면 생기를 불어넣을 수 있다. 3세 미만의 아이를 위한 인형을 만들 때는 코바늘뜨기나 자수로 눈을 만든다.

● 눈 만들기 1: 나사형 인형 눈 Ⓜ
나사형 인형 눈을 사용할 경우에는 아이싱을 기본 도넛에 바느질하기 전에 4단과 5단 사이에 꿰매어 고정한다. * 눈의 위치는 변동 가능

● 눈 만들기 2: 코바늘뜨기 눈
① 1단: 매직링 안에 짧은뜨기 4
② 빼뜨기한 후 10cm 이상 실을 남기고 자른다.

* 개별 패턴에 따라 눈의 위치가 조금씩 바뀔 수 있으니 패턴을 참조한다.

● 눈 만들기 3: 자수 눈 Ⓝ
① 검은 실이나 자수실을 사용하여 같은 간격으로 3코 바느질한다.
② 눈꼬리에 속눈썹을 붙이려면 옆으로 V자 모양으로 수놓는다.

눈의 위치

인형 캐릭터를 만들 때 어디에 눈을 붙이는지가 중요하다. 이 책에 나오는 캐릭터는 도넛의 위, 아래, 또는 가운데 구멍의 양옆에 눈을 붙여서 서로 다른 특징이 있는 모습을 만들 수 있다. 완성된 사진을 보고 눈의 위치를 잡는다.

눈의 바깥쪽 가장자리에
하양 자수실로 수놓아
눈을 강조할 수 있어요.

코끼리

이 사랑스러운 코끼리는
동물 친구들 사이에서
가장 인기가 좋아요.
귀에 달린 작은 장미꽃은
코끼리의 주름진 귀를
아름답게 장식한답니다.

준비할 재료

* **모사용 코바늘**: 2.5mm, 4mm
* **실**: 진회색, 연회색, 연파랑
* **인형 눈**: 2x10~14mm
* **인형 눈은 검정 실로 만들 수도 있
  다. 나사형 인형 눈은 3세 이상의
  어린이에게만 사용한다.

도넛

- **기본 도넛**: 진회색
- **아이싱**: 연회색

귀(2개)

- **바늘**: 4mm **실**: 연회색
- **뜨개 방법**
- **1단**: 매직링 안에 짧은뜨기 6(6코)
- **2단**: 모든 코에 짧은뜨기 2(12코)
- **3단**: [짧은뜨기 1, 1코에 짧은뜨기 2] × 6(18코)
- **4단**: [짧은뜨기 2, 1코에 짧은뜨기 2] × 6(24코)
- **5단**: [짧은뜨기 3, 1코에 짧은뜨기 2] × 6(30코)
- **6단**: [짧은뜨기 4, 1코에 짧은뜨기 2] × 6(36코)
- **7단**: [긴뜨기 5, 1코에 긴뜨기 2] × 6(42코)
- **8단**: *사슬뜨기 2, 짧은뜨기 1(10코 남을 때까지 반복)

- **마무리**
- ① 빼뜨기한 후 10cm 이상 실을 남기고 자른다.
- ② 프릴이 없는 평평한 부분을 기본 도넛의 뒷면에 바느질하여 고정한다.

코

- **바늘**: 2.5mm **실**: 연회색
- **뜨개 방법**
- **1단**: 매직링 안에 짧은뜨기 4(4코)
- **2단**: 모든 코에 짧은뜨기 2(8코)
- **3~8단**: 모든 코에 짧은뜨기 1(8코)
- **9단**: 짧은뜨기 7, 1코에 짧은뜨기 2(9코)
- **10단**: 1코에 짧은뜨기 2, 짧은뜨기 8(10코)
- **11단**: 짧은뜨기 9, 1코에 짧은뜨기 2(11코)
- **12단**: 1코에 짧은뜨기 2, 짧은뜨기 10(12코)

- **마무리**
- ① 빼뜨기한 후 10cm 이상 실을 남기고 자른다.

② 충전재를 채운다.
③ 도넛의 중앙에 바느질하여 고정한다.
④ 코를 살짝 위로 구부린다.

눈

- **뜨개 방법**
- ① 기본 도넛에 아이싱을 바느질하기 전 4단과 5단 사이에 인형 눈을 놓고 뒤쪽에서 꿰매어 고정한다.
- ② 3세 미만의 아이를 위한 인형을 만들 때는 코바늘뜨기나 자수로 눈을 만든다.(11쪽 참조)
- ③ 하양 자수실로 눈 가장자리의 반 정도까지 선을 넣는다.

장미

연파랑 실로 장미를 만들어 귀 앞에 바느질한다.(114쪽 참조)

도넛에 귀를 바느질한 후
귀를 앞으로 살짝
구부려서 모양을
잘 정리하세요.

토끼

은은한 보랏빛을 띠는
귀여운 토끼는 완벽한
봄의 선물이에요.
화사한 느낌을 주려고
귀에 꽃을 달고
스프링클로 장식했어요.

준비할 재료

* **모사용 코바늘**: 2.5mm, 4mm

* **실**: 자줏빛분홍, 연보라, 분홍,
  노랑, 하양

* **자수실**: 분홍, 하양

* **인형 눈**: 2x10~14mm

* 인형 눈은 검정 실로 만들 수도 있
  다. 나사형 인형 눈은 3세 이상의
  어린이에게만 사용한다.

도넛

- **기본 도넛**: 연보라
- **아이싱**: 자줏빛분홍

귀(2개)

- **바늘**: 4mm **실**: 자줏빛분홍
- **뜨개 방법**
1단: 매직링 안에 짧은뜨기 6(6코)
2단: 모든 코에 짧은뜨기 2(12코)
3단: [짧은뜨기 1, 1코에 짧은뜨기 2]
  × 6(18코)
4단: [짧은뜨기 2, 1코에 짧은뜨기 2]
  × 6(24코)
5~7단: 모든 코에 짧은뜨기 1(24코)
8단: [짧은뜨기 2, 안 보이게 줄이기 1]
  × 6(18코)
9~11단: 모든 코에 짧은뜨기 1(18코)

12단: [짧은뜨기 7, 안 보이게 줄이기
  1] × 2(16코)
13단: 모든 코에 짧은뜨기 1(16코)
14단: [짧은뜨기 6, 안 보이게 줄이기
  1] × 2(14코)
15단: 모든 코에 짧은뜨기 1(14코)
- **마무리**
① 빼뜨기한 후 10cm 이상 실을 남기
  고 자른다.
② 자수실로 자유롭게 장식한다.
③ 균등한 간격으로 아이싱 뒤쪽에 바느
  질하여 고정한다.

코

- **뜨개 방법**
① 분홍 자수실로 코의 윤곽을 먼저 잡
  는다.
② 하양 실을 세로로 채워 수놓는다.

눈

- **뜨개 방법**
① 기본 도넛에 아이싱을 바느질하기 전
  4단과 5단 사이에 인형 눈을 놓고 뒤
  쪽에서 꿰매어 고정한다.
② 3세 미만의 아이를 위한 인형을 만들
  때는 코바늘뜨기나 자수로 눈을 만든
  다.(11쪽 참조)
③ 하양 자수실로 눈 가장자리의 반 정
  도까지 선을 넣는다.

꽃

① 노랑과 분홍 실로 꽃을 만든다.(114
  쪽 참조)
② 귀의 아랫부분에 나란히 바느질하여
  고정한다.

봄을 주제로 한 인형이라면
파스텔 색을 사용하세요.
자연스럽고 따뜻한 느낌의
인형을 만들 수 있어요.

부엉이

놀란 듯한 눈에
가슴 깃털이 멋진 부엉이는
모두가 사랑하는 친구죠.
당근 같은 주황 부리와
앙증맞은 날개도 귀여워요.

준비할 재료

* **모사용 코바늘**: 3mm, 4mm

* **실**: 파랑, 연파랑, 상아색, 주황

* **인형 눈**: 2x10~14mm

* 인형 눈은 검정 실로 만들 수도 있
  다. 나사형 인형 눈은 3세 이상의
  어린이에게만 사용한다.

도넛

↪ **기본 도넛**: 파랑 ↪ **아이싱**: 연파랑

눈(2개)

↪ **바늘**: 3mm ↪ **실**: 상아색
↪ **뜨개 방법**
1단: 매직링 안에 짧은뜨기 6(6코)
2단: 모든 코에 짧은뜨기 2(12코)
3단: [짧은뜨기 1, 1코에 짧은뜨기 2] × 6(18코)
4단: [짧은뜨기 2, 1코에 짧은뜨기 2] × 6(24코)
↪ **마무리**
① 빼뜨기한 후 10cm 이상 실을 남기고 자른다.
② 졸린 올빼미를 만들려면, 나사형 인형 눈 대신 눈의 가운데 부분에 검정 실을
　　가로로 수놓는다.

귀(2개)

🔸 **바늘**: 3mm 🔸 **실**: 연파랑
🔸 **뜨개 방법**
1단: 매직링 안에 짧은뜨기 4(4코)
2단: [짧은뜨기 1, 1코에 짧은뜨기 2]
 × 2(6코)
3단: 모든 코에 짧은뜨기 1(6코)
4단: [짧은뜨기 1, 1코에 짧은뜨기 2]
 × 3(9코)
5단: [짧은뜨기 2, 1코에 짧은뜨기 2]
 × 3(12코)
6단: [짧은뜨기 3, 1코에 짧은뜨기 2]
 × 3(15코)
🔸 **마무리**
① 빼뜨기한 후 10cm 이상 실을 남기
 고 자른다.
② 균등한 간격으로 아이싱 뒤쪽에 바느
 질하여 고정한다.

부리

🔸 **바늘**: 3mm 🔸 **실** :주황
🔸 **뜨개 방법**
1단: 매직링 안에 짧은뜨기 4(4코)
2단: [짧은뜨기 1, 1코에 짧은뜨기 2]
 × 2(6코)

3단: [짧은뜨기 1, 1코에 짧은뜨기 2]
 × 3(9코)
4~5단: 모든 코에 짧은뜨기 1(9코)
🔸 **마무리**
① 빼뜨기한 후 10cm 이상 실을 남기
 고 자른다.
② 충전재를 채운다.
③ 도넛 구멍과 눈 사이의 중심에 바느
 질하여 고정한다.

날개(2개)

🔸 **바늘**: 4mm
🔸 **실**: 연파랑, 파랑 혼합
🔸 **뜨개 방법**
1단: 매직링 안에 짧은뜨기 6(6코)
2단: 모든 코에 짧은뜨기 2(12코)
3단: [짧은뜨기 1, 1코에 짧은뜨기 2]
 × 6(18코)
4단: 짧은뜨기 9, 뒤집어서 짧은뜨기
 9(18코)
🔸 **마무리**
① 빼뜨기한 후 10cm 이상 실을 남기
 고 자른다.
② 아이싱과 기본 도넛에 반씩 걸쳐 바
 느질한다.

가슴

🔸 **바늘**: 4mm
🔸 **실**: 파랑, 연파랑
🔸 **뜨개 방법**
- 파랑 실
1단: 매직링 안에 짧은뜨기 6(6코)
2단: 모든 코에 짧은뜨기 2(12코)
3단: [짧은뜨기 1, 1코에 짧은뜨기 2]
 × 6(18코)
4단: [짧은뜨기 2, 1코에 짧은뜨기 2]
 × 6(24코)
5단: [짧은뜨기 3, 1코에 짧은뜨기 2]
 × 6(30코)
6단: [사슬뜨기 3, 짧은뜨기 1] × 5
🔸 **마무리**
① 빼뜨기한 후 10cm 이상 실을 남기
 고 자른다.
② 연파랑 실로 스프링클과 같은 방법으
 로 방사형 무늬를 수놓는다.(10쪽 참
 조)
③ 가슴의 중앙과 부리 위치에 중심을
 맞추어 바느질한다.

말

밝은색의 굴레를 쓰고
잘 다듬어진 갈기를 가진 말은
작고 귀엽지만 승부욕이
많은 동물 친구랍니다.
말이 경주에서 점프할 때
힘차게 응원해 주세요!

준비할 재료

* 모사용 코바늘: 3mm, 4mm
* 실: 진갈색, 하양, 베이지색, 연파랑, 연노랑
* 자수실: 연갈색, 하양
* 인형 눈: 2x10~14mm
* 인형 눈은 검정 실로 만들 수도 있다. 나사형 인형 눈은 3세 이상의 어린이에게만 사용한다.

도넛

❍ **기본 도넛**: 진갈색 ❍ **아이싱**: 진갈색

귀(2개)

❍ **바늘**: 4mm ❍ **실**: 진갈색
❍ **뜨개 방법**
1단: 매직링 안에 짧은뜨기 6(6코)
2단: [짧은뜨기 2, 1코에 짧은뜨기 2] × 2(8코)
3단: 모든 코에 짧은뜨기 1(8코)
4단: [짧은뜨기 1, 1코에 짧은뜨기 2] × 4(12코)
5단: 모든 코에 짧은뜨기 1(12코)
6단: [짧은뜨기 1, 1코에 짧은뜨기 2] × 6(18코)
7~9단: 모든 코에 짧은뜨기 1(18코)
10단: 안 보이게 줄이기 9(9코)

마무리

① 빼뜨기한 후 10cm 이상 실을 남기고 자른다.
② 귀에 하얀실 3가닥을 수놓는다.
③ 균등한 간격으로 아이싱 뒤쪽에 바느질하여 고정한다.

이마

❍ 바늘: 3mm ❍ 실: 하양
❍ 뜨개 방법: 평면뜨기
1단: 사슬뜨기 5, 2번째 사슬코에서 시작하여 모든 코에 짧은뜨기 1, 뒤집기 (4코)
2단: 사슬뜨기 1(2~9단 사슬은 콧수 ×), 모든 코에 짧은뜨기 1, 뒤집기(4코)
3단: 사슬뜨기 1, 1코에 짧은뜨기 2, 짧은뜨기 2, 1코에 짧은뜨기 2, 뒤집기(6코)
4단: 사슬뜨기 1, 모든 코에 짧은뜨기 1, 뒤집기(6코)
5단: 사슬뜨기 1, [1코에 짧은뜨기 2, 짧은뜨기 1] × 3, 뒤집기(9코)
6~7단: 사슬뜨기 1, 모든 코에 짧은뜨기 1, 뒤집기(9코)
8단: 사슬뜨기 1, [짧은뜨기 2, 1코에 짧은뜨기 2] × 3, 뒤집기(12코)
9단: 사슬뜨기 1, 모든 코에 짧은뜨기 1(12코), 뒤집기
10단: [1코에 짧은뜨기 2, 짧은뜨기 3] × 3, 뒤집기(15코)
11단: 모든 코에 짧은뜨기 1(15코)
❍ 마무리
① 빼뜨기한 후 10cm 이상 실을 남기고 자른다.
② 귀 사이의 중앙에 배치하여 도넛 구멍의 안쪽에서부터 바느질한다.

갈기

❍ 뜨개 방법 (123쪽 참조)
① 진갈색실을 아이싱 앞에서 뒤쪽으로 꿰어 단단히 묶는다.
② 고정된 실을 같은 길이로 자른 뒤, 부드럽게 빗질해서 갈기처럼 흐트러뜨린다.
③ 귀와 귀 사이를 갈기로 채운다.

주둥이

❍ 바늘: 4mm ❍ 실: 베이지색
❍ 뜨개 방법
1단: 매직링 안에 짧은뜨기 6(6코)
2단: 모든 코에 짧은뜨기 2(12코)
3단: [짧은뜨기 1, 1코에 짧은뜨기 2] × 6(18코)
4단: [짧은뜨기 2, 1코에 짧은뜨기 2] × 6(24코)
5단: [짧은뜨기 3, 1코에 짧은뜨기 2] × 6(30코)
6~8단: 모든 코에 짧은뜨기 1(30코)
❍ 마무리
① 빼뜨기한 후 10cm 이상 실을 남기고 자른다.
② 충전재를 채우고 도넛의 중앙에 바느질하여 고정한다.
③ 연갈색 자수실로 콧구멍 선을 수놓는다.

눈

❍ 뜨개 방법
① 기본 도넛에 아이싱을 바느질하기 전에 4단과 5단 사이에 인형 눈을 놓고 뒤쪽에서 바느질하여 고정한다.
② 3세 미만의 아이를 위한 인형을 만들 때는 코바늘뜨기나 자수로 눈을 만든다. (11쪽 참조)

③ 하양 자수실로 눈 가장자리의 반 정도까지 선을 넣는다.

굴레

코 밴드

❍ 바늘: 3mm ❍ 실: 연파랑
❍ 뜨개 방법 :
1단: 사슬뜨기 3, 2번째 사슬코에서 시작하여 짧은뜨기 2, 뒤집기(2코)
2단: 사슬뜨기 1(사슬은 콧수 ×), 짧은뜨기 2, 뒤집기(2코)
3단~: 원하는 길이만큼 2단 반복
❍ 마무리
코 밴드가 주둥이에 맞는지 확인하고 10cm 이상 실을 남기고 단단히 묶는다.

볼 밴드(2개)

❍ 바늘: 3mm ❍ 실: 연파랑
❍ 뜨개 방법
1단: 사슬뜨기 3, 2번째 사슬코에서 시작하여 짧은뜨기 2, 뒤집기(2코)
2단: 사슬뜨기 1(사슬은 콧수 ×), 짧은뜨기 2, 뒤집기(2코)
3단~: 원하는 길이만큼 2단 반복

고정 단추(2개)

❍ 바늘: 3mm ❍ 실: 노랑
❍ 뜨개 방법
① 코 끈을 주둥이 주위에 단단하게 바느질한 다음, 볼 끈을 가장자리까지 닿도록 바느질한다.
② 코 밴드와 볼 밴드가 만나는 곳에 고정 단추를 바느질한다.

외계인

이 앙증맞은 외계인 친구는
우리와 함께하기 위해
멀리 떨어진 은하에서
여행왔답니다.
따뜻하게 환영해 주세요.

준비할 재료

* **모사용 코바늘**: 3mm, 4mm
* **실**: 연연두, 연분홍
* **자수실**: 진갈색
* **인형 눈**: 2x10~14mm
* 인형 눈은 검정 실로 만들 수도 있다. 나사형 인형 눈은 3세 이상의 어린이에게만 사용한다.

외계인에게
안테나를 만들어 주세요.
두 개를 만들어 하나는
직접 가지고 있어도 좋아요.
외계인과 교신하는 거죠.

도넛

- ❿ **기본 도넛**: 연연두
- ❿ **아이싱**: 연연두

귀(2개)

- ❿ **바늘**: 3mm ❿ **실**: 연연두
- ❿ **뜨개 방법**

1단: 매직링 안에 짧은뜨기 3(3코)
2단: 3코에 짧은뜨기 2(6코)
3단: 모든 코에 짧은뜨기 6(6코)
4단: [짧은뜨기 1, 1코에 짧은뜨기 2]
 × 3(9코)
5단: 모든 코에 짧은뜨기 1(9코)
6단: [짧은뜨기 2, 1코에 짧은뜨기 2]
 × 3(12코)
7단: 모든 코에 짧은뜨기 1(12코)
8단: [짧은뜨기 3, 1코에 짧은뜨기 2]
 × 3(15코)
9단: 모든 코에 짧은뜨기 1(15코)
10단: [짧은뜨기 4, 1코에 짧은뜨기 2]
 × 3(18코)
11단: 모든 코에 짧은뜨기 1(18코)
12단: [짧은뜨기 5, 1코에 짧은뜨기 2]
 × 3(21코)

13단: 모든 코에 짧은뜨기 1(21코)
14단: [짧은뜨기 5, 안 보이게 줄이기
 1] × 3(18코)
15단: [짧은뜨기 4, 안 보이게 줄이기
 1] × 3(15코)
16단: [짧은뜨기 3, 안 보이게 줄이기
 1] × 3(12코)

- ❿ **마무리**
① 빼뜨기한 후 10cm 이상 실을 남기
 고 자른다.
② 균등한 간격으로 아이싱 뒤쪽에 바
 느질하여 고정한다.

안테나

- ❿ **바늘**: 3mm ❿ **실**: 연연두
- ❿ **뜨개 방법**

1단: 매직링 안에 짧은뜨기 4, 빼뜨기,
 사슬뜨기 4

- ❿ **마무리**
① 10cm 정도 실을 남기고 자른다.
② 귀 사이 중앙에 바느질하여 고정한다.

눈

- ❿ **뜨개 방법**
① 기본 도넛에 아이싱을 바느질하기 전
 4단과 5단 사이에 인형 눈을 놓고 뒤
 쪽에서 꿰매어 고정한다.
② 3세 미만의 아이를 위한 인형을 만
 들 때는 코바늘뜨기나 자수로 눈을
 만든다.(11쪽 참조)

볼(빵)(2개)

- ❿ **바늘**: 3mm ❿ **실**: 연분홍
- ❿ **뜨개 방법**
① 눈 만들기와 같은 방법으로 만든
 다.(11쪽 참조)
② 눈 아래에 바느질한다.

입

- ❿ **뜨개 방법**
진갈색 자수실로 눈 아래 아이싱 중앙에
수놓는다.

염소

도넛 동물 농장이라면
작은 염소 한 마리는 있어야
해요. 뿔과 수염이 있어서
여러분의 손을 바쁘게 만드는
귀여운 염소랍니다.

준비할 재료

* **모사용 코바늘**: 2.5mm, 4mm

* **실**: 상아색, 진베이지색, 연베이
  지색, 하양

* **자수실**: 진갈색, 하양

* **인형 눈**: 2x10~14mm

* **인형 눈**은 검정 실로 만들 수도 있
  다. 나사형 인형 눈은 3세 이상의
  어린이에게만 사용한다.

세계 명작 동화인
《우락부락 염소 삼형제》
놀이를 하려면 약간 다른
염소들을 만드세요.
괴물을 빠뜨린 염소는
누구일까요?

도넛

❍ **기본 도넛**: 상아색
❍ **아이싱**: 진베이지색

귀(2개)

❍ **바늘**: 2.5mm ❍ **실**: 진베이지색
❍ **뜨개 방법**
1단: 매직링 안에 짧은뜨기 6(6코)
2단: [짧은뜨기 1, 1코에 짧은뜨기 2]
    × 3(9코)
3단: [짧은뜨기 2, 1코에 짧은뜨기 2]
    × 3(12코)
4단: [짧은뜨기 3, 1코에 짧은뜨기 2]
    × 3(15코)
5~7단: 모든 코에 짧은뜨기 1(15코)
8단: [짧은뜨기 3, 안 보이게 줄이기 1]
    × 3(12코)
❍ **마무리**
① 빼뜨기한 후 10cm 이상 실을 남기
  고 자른다.
② 귀를 반으로 접어 몇 땀 바느질하여
  귀 모양을 만든다.
③ 도넛의 양쪽에 바느질하여 고정한다.

뿔(2개)

❍ **바늘**: 2.5mm ❍ **실**: 상아색
❍ **뜨개 방법**
1단: 매직링 안에 짧은뜨기 4(4코)
2단: [짧은뜨기 1, 1코에 짧은뜨기 2]
    × 2(6코)
3~5단: 모든 코에 짧은뜨기 1(6코)
❍ **마무리**
① 빼뜨기한 후 10cm 이상 실을 남기
  고 자른다.
② 충전재를 채운다.
③ 9코 간격을 두고 귀보다 조금 높은
  위치에 바느질하여 고정한다.

주둥이

❍ **바늘**: 2.5mm ❍ **실**: 상아색
❍ **뜨개 방법**
1단: 매직링 안에 짧은뜨기 6(6코)
2단: 모든 코에 짧은뜨기 2(12코)
3단: [짧은뜨기 1, 1코에 짧은뜨기 2]
    × 6(18코)
4단: [짧은뜨기 2, 1코에 짧은뜨기 2]
    × 6(24코)
5~7단: 모든 코에 짧은뜨기 1(24코)

❍ **마무리**
① 빼뜨기한 후 10cm 이상 실을 남기고
  자른다.
② 하양과 연베이지색 실로 주둥이의 아
  래쪽 가장자리를 따라 턱수염을 만든
  다.(123쪽 참조)
③ 앞으로 뺀 실을 비슷한 길이로 잘라
  수염을 만들고, 끝 부분을 살짝 문지
  른다.
④ 충전재를 채우고 도넛의 중앙에 바느
  질하여 고정한다.
⑤ 진갈색 자수실로 코와 입을 수놓는다.

눈

❍ **뜨개 방법**
① 기본 도넛에 아이싱을 바느질하기 전
  4단과 5단 사이에 인형 눈을 놓고 뒤
  쪽에서 꿰매어 고정한다.
② 3세 미만의 아이를 위한 인형을 만
  들 때는 코바늘뜨기나 자수로 눈을
  만든다.(11쪽 참조)
③ 하양 자수실로 눈 가장자리의 반 정
  도까지 선을 넣는다.

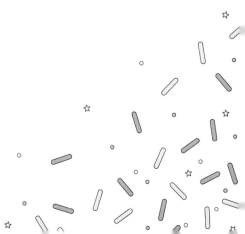

해님

도넛 인형 나라에는
항상 해님이 빛나고 있어요.
해님은 매우 명랑해서
가장 따분한 날에도
주변을 밝게 비춘답니다.

준비할 재료

* **모사용 코바늘:** 2.5mm, 4mm
* **실:** 연노랑, 노랑, 연분홍
* **자수실:** 검정, 진분홍
* **인형 눈:** 2x10~14mm
* 인형 눈은 검정 실로 만들 수도 있
  다. 나사형 인형 눈은 3세 이상의
  어린이에게만 사용한다.

조금 더 작거나 큰 바늘을
사용해서 도넛 가장자리에
적당한 크기의 햇살을
만들어 보세요.

도넛

- **기본 도넛**: 연노랑
- **아이싱**: 노랑

햇살

- **바늘**: 2.5mm
- **실**: 노랑(5개), 연노랑(5개)
- **뜨개 방법**

1단: 매직링 안에 짧은뜨기 4(4코)

2단: [짧은뜨기 1, 1코에 짧은뜨기 2] × 2(6코)

3단: [짧은뜨기 2, 1코에 짧은뜨기 2] × 2(8코)

4단: [짧은뜨기 3, 1코에 짧은뜨기 2] × 2(10코)

5단: [짧은뜨기 4, 1코에 짧은뜨기 2] × 2(12코)

6단: [1코에 짧은뜨기 2, 짧은뜨기 1] × 6(18코)

7~8단: 모든 코에 짧은뜨기 1(18코)

마무리

① 빼뜨기한 후 10cm 이상 실을 남기고 자른다.

② 충전재를 채우고 도넛의 가장자리에 단단하게 바느질하여 고정한다.

눈

- **뜨개 방법**

① 기본 도넛에 아이싱을 바느질하기 전 4단과 5단 사이에 인형 눈을 놓고 뒤쪽에서 꿰매어 고정한다.

② 3세 미만의 아이를 위한 인형을 만들 때는 코바늘뜨기나 자수로 눈을 만든다.(11쪽 참조)

③ 속눈썹을 만들기 위해서 눈 가장자리에 3개의 직선을 수놓는다. 방사형으로 하여 눈을 강조한다.

볼(2개)

- **바늘**: 2.5mm
- **실**: 연분홍
- **뜨개 방법**

① 코바늘로 눈을 만드는 방법으로 볼을 만든다.(11쪽 참조)

② 눈 아래에 바느질한다.

입

눈 사이 가운데에 진분홍 자수실로 작은 V자 모양의 선을 수놓는다.

하마

도넛 인형 동물원에 방문하면
아름다운 하마에게
인사하지 않을 수 없을 거예요.
귀엽고 작은 매듭 리본을
만드는 방법을 배워보세요.

준비할 재료

* **모사용 코바늘**: 2.5mm, 3mm, 4mm
* **실**: 파랑, 보라, 분홍, 연분홍
* **자수실**: 보라, 하양
* **인형 눈**: 2x10~14mm
* 인형 눈은 검정 실로 만들 수도 있다. 나사형 인형 눈은 3세 이상의 어린이에게만 사용한다.

하마를
인상적으로 표현하려면,
주둥이 아랫부분에
미소 짓는 입을 수놓거나
속눈썹을 더해도 좋아요.

도넛

- 🜚 **기본 도넛**: 파랑
- 🜚 **아이싱**: 보라

안쪽 귀

- 🜚 **바늘**: 2.5mm 🜚 **실**: 분홍
- 🜚 **뜨개 방법**
- **1단**: 매직링에 짧은뜨기 6(6코), 빼뜨기

바깥쪽 귀

- 🜚 **바늘**: 2.5mm
- 🜚 **실**: 보라
- 🜚 **뜨개 방법**
- 실을 바꾸어 안쪽 귀에 연결한다.
- **2단**: 모든 코에 짧은뜨기 2(12코)
- **3단**: [짧은뜨기 1, 1코에 짧은뜨기 2] × 6(18코)
- 🜚 **마무리**
- ① 빼뜨기한 후 10cm 이상 실을 남기고 자른다.
- ② 균등한 간격으로 아이싱 뒤쪽에 바느질하여 고정한다.

주둥이

- 🜚 **바늘**: 3mm
- 🜚 **실**: 보라

🜚 뜨개 방법

1단:
사슬뜨기 8, 2번째 사슬코에서 시작하여 짧은뜨기 6, 1코에 짧은뜨기 3, 기본 사슬의 반대쪽 고리에 짧은뜨기 5, 1코에 짧은뜨기 2, 빼뜨기(16코)

2단:
사슬 1개(사슬은 콧수 ×),
1코에 짧은뜨기 2, 짧은뜨기 5,
1코에 짧은뜨기 2, 짧은뜨기 1,
1코에 짧은뜨기 2, 짧은뜨기 5,
1코에 짧은뜨기 2, 짧은뜨기 1(20코)

3단:
1코에 짧은뜨기 2, 짧은뜨기 7,
1코에 짧은뜨기 2, 짧은뜨기 1,
1코에 짧은뜨기 2, 짧은뜨기 7,
1코에 짧은뜨기 2, 짧은뜨기 1(24코)

4단:
짧은뜨기 1, 2코에 짧은뜨기 2,
짧은뜨기 6, 2코에 짧은뜨기 2,
짧은뜨기 2, 2코에 짧은뜨기 2,
짧은뜨기 6, 2코에 짧은뜨기 2
짧은뜨기 1(32코)

5단: 모든 코에 뒷고리 이랑뜨기 1(32코)(119쪽 참조)

6~8단: 모든 코에 짧은뜨기 1(32코)

🜚 마무리

- ① 빼뜨기한 후 10cm 이상 실을 남기고 자른다.
- ② 충전재를 채우고 도넛의 중앙에 바느질하여 고정한다.
- ⑤ 보라색 자수실로 주둥이 중앙 위쪽에 콧구멍 선을 수놓는다.

눈

🜚 뜨개 방법

- ① 기본 도넛에 아이싱을 바느질하기 전 4단과 5단 사이에 인형 눈을 놓고 뒤쪽에서 꿰매어 고정한다.
- ② 3세 미만의 아이를 위한 인형을 만들 때는 코바늘뜨기나 자수로 눈을 만든다.(11쪽 참조)
- ③ 하양 자수실로 눈 가장자리의 반 정도까지 선을 넣는다.

리본

연분홍 실로 리본을 만들어 귀 앞에 바느질한다. (115쪽 참조)

호랑이

아기 호랑이의 화려한 줄무늬를
만들어 여러분의 뛰어난
자수 실력을 뽐내 보세요.
호랑이지만 겁낼 필요 없어요.
그저 큰 고양이일 뿐이니까요!

준비할 재료

* **모사용 코바늘**: 3mm, 4mm
* **실**: 검정, 주황, 하양
* **자수실**: 검정, 하양
* **인형 눈**: 2x10~14mm
* 인형 눈은 검정 실로 만들 수도 있다. 나사형 인형 눈은 3세 이상의 어린이에게만 사용한다.

호랑이인지 쉽게
알아볼 수 있도록
눈 바로 밑에 V자 줄무늬를
굵게 수놓아 강조했어요.

도넛

기본 도넛: 검정

아이싱: 주황

귀(2개)

바늘: 4mm **실**: 주황

뜨개 방법

1단: 매직링 안에 짧은뜨기 6(6코)

2단: [짧은뜨기 2, 1코에 짧은뜨기 2] × 2(8코)

3단: 모든 코에 짧은뜨기 1(8코)

4단: [짧은뜨기 1, 1코에 짧은뜨기 2] × 4(12코)

5단: 모든 코에 짧은뜨기 1(12코)

6단: [짧은뜨기 1, 1코에 짧은뜨기 2] × 6(18코)

7단: 모든 코에 짧은뜨기 1(18코)

마무리

① 빼뜨기한 후 10cm 이상 실을 남기고 자른다.

② 귀에 하양 자수실로 3가닥을 직선으로 수놓는다.

③ 균등한 간격으로 아이싱 뒤쪽에 바느질하여 고정한다.

주둥이(코, 입)

바늘: 3mm **실**: 하양

뜨개 방법

1단: 매직링 안에 짧은뜨기 6(6코)

2단: 모든 코에 짧은뜨기 2(12코)

3단: [짧은뜨기 1, 1코에 짧은뜨기 2] × 6(18코)

4단: 짧은뜨기 5, 1코에 짧은뜨기 3, 짧은뜨기7, 1코에 짧은뜨기 3, 1코에 짧은뜨기 4(22코)

5~6단: 모든 코에 짧은뜨기 1(22코)

마무리

① 빼뜨기한 후 10cm 이상 실을 남기고 자른다.

② 검정 자수실로 가로 6단, 세로 3단 정도의 크기로 삼각형의 선을 수놓아 코의 윤곽을 잡는다.

③ 삼각형을 완전히 메꾸도록 수놓는다.

④ 아래쪽에 검정 자수실로 세로선을 수놓아 입을 만든다.

⑤ 충전재를 채우고 도넛의 중앙에 바느질하여 고정한다.

눈

뜨개 방법

① 기본 도넛에 아이싱을 바느질하기 전 4단과 5단 사이에 인형 눈을 놓고 뒤쪽에서 꿰매어 고정한다.

② 3세 미만의 아이를 위한 인형을 만들 때는 코바늘뜨기나 자수로 눈을 만든다.(11쪽 참조)

③ 하양 자수실로 눈 가장자리의 반 정도까지 선을 넣는다.

줄무늬

검정 자수실로 사진과 같은 위치에 줄무늬를 수놓는다.

닭

이 귀여운 닭은 새벽에
항상 깨어 있는 부지런한
동물 친구예요.
이 동물 친구의 아이싱은
다른 친구들과 조금 달라요.
조개뜨기로 아이싱을
완성해야 해요.

준비할 재료

* **모사용 코바늘**: 2.5mm, 3mm, 4mm
* **실**: 상아색, 노랑, 빨강
* **자수실**: 빨강
* **인형 눈**: 2x10~14mm
* 인형 눈은 검정 실로 만들 수도 있다. 나사형 인형 눈은 3세 이상의 어린이에게만 사용한다.

도넛

🕒 **기본 도넛**: 상아색

아이싱

🕒 **바늘**: 4mm
🕒 **실**: 상아색
🕒 **뜨개 방법**

1~8단: 기본 도넛, 아이싱 만들기(9쪽 참조)
9단: [1코에 한길긴뜨기 5(조개뜨기), 1코 건너뛰기, 빼뜨기 1] × 6(조개뜨기 6개)(123쪽 참조)

🕒 **마무리**
① 빼뜨기한 후 10cm 이상 실을 남기고 자른다.
② 아이싱을 구멍부터 시작해서 기본 도넛 가장자리까지 바느질한다.

볏(3개)

❍ 바늘: 3mm **❍ 실:** 빨강
❍ 뜨개 방법
1단: 매직링 안에 짧은뜨기 6(6코)
2~4단: 모든 코에 짧은뜨기 1(6코)
❍ 마무리
① 빼뜨기한 후 10cm 이상 실을 남기고
자른다.
② 충전재를 채운다.
③ 눈 사이 가운데에 일렬로 맞추어 바느
질하여 고정한다.

눈

① 기본 도넛에 아이싱을 바느질하기 전
6단과 7단 사이에 인형 눈을 놓고 뒤
쪽에서 꿰매어 고정한다.
② 3세 미만의 아이를 위한 인형을 만들
때는 코바늘뜨기나 자수로 눈을 만든
다.(11쪽 참조)
③ 양쪽 눈 아래에 빨강 자수실로 대각선
으로 수놓는다.

부리

❍ 바늘: 3mm **❍ 실:** 노랑
❍ 뜨개 방법
1단: 매직링 안에 짧은뜨기 4(4코)
2단: [짧은뜨기 1, 1코에 짧은뜨기 2] ×
2(6코)
3단: [짧은뜨기 1, 1코에 짧은뜨기 2] ×
3(9코)
4~5단: 모든 코에 짧은뜨기 1(9코)
❍ 마무리
① 빼뜨기한 후 10cm 이상 실을 남기고
자른다.

② 충전재를 채운다.
③ 눈 사이 도넛 구멍에 바느질하여 고정
한다.

날개(2개)

❍ 바늘: 3mm **❍ 실:** 상아색
❍ 뜨개 방법
1단: 매직링 안에 짧은뜨기 6(6코)
2단: 모든 코에 짧은뜨기 2(12코)
3단: [짧은뜨기 1, 1코에 짧은뜨기 2] ×
6(18코)
4단: 사슬뜨기 4, 짧은뜨기 1, 사슬뜨기
4, 같은 코에 짧은뜨기 1, 짧은뜨기
1, 사슬뜨기 4, 짧은뜨기 1, 사슬
뜨기 4, 같은 코에 짧은뜨기 1
❍ 마무리
① 빼뜨기한 후 10cm 이상 실을 남기고
자른다.
② 아이싱과 기본 도넛에 반씩 걸쳐 바느
질한다.

육수(목 아래 붉은 수염)

❍ 바늘: 2.5mm **❍ 실:** 빨강
❍ 뜨개 방법
1단: 매직링 안에 짧은뜨기 4(4코)
2~3단: 모든 코에 짧은뜨기 1(4코)
❍ 마무리
① 빼뜨기한 후 10cm 이상 실을 남기고
자른다.
② 충전재를 채운다.
③ 도넛 뒷면에(부리 뒷쪽) 바느질하여
고정한다.

발(2개)

2개의 발가락은 따로 만들고, 3번째 발
가락에 연결해서 발로 완성한다.
❍ 바늘: 2.5mm **❍ 실:** 노랑
❍ 뜨개 방법

1, 2번째 발가락

1단: 매직링 안에 짧은뜨기 6(6코)
2~5단: 모든 코에 짧은뜨기 1, 빼뜨기한
후 실을 자른다.

마지막 발가락

① 위와 같은 방법으로 1~5단을 뜬다.
② 빼뜨기하지 않고 실이 걸린 바늘을 첫
번째 발가락의 한 코에 집어 넣는다.
③ 짧은뜨기 3
④ 바늘을 두 번째 발가락의 한 코에 집
어 넣는다.
⑤ 연결하여 짧은뜨기 15(18코)
❍ 마무리
① 빼뜨기한 후 10cm 이상 실을 남기고
자른다.
② 충전재를 채운다.
③ 도넛의 아랫부분에 바느질하여 고정
한다.

얼룩말

이 날쌘 친구는 들판을
달리는 것을 좋아해요. 동물
친구들과 재미있게 어울리는
것도 좋아하고요. 얼룩말의
귀여운 줄무늬와 삼각 무늬를
다양하게 만들어 보세요.

준비할 재료

* **모사용 코바늘**: 3mm, 4mm
* **실**: 검정, 하양
* **자수실**: 검정, 하양
* **인형 눈**: 2x10~14mm
* 인형 눈은 검정 실로 만들 수도 있
  다. 나사형 인형 눈은 3세 이상의
  어린이에게만 사용한다.

도넛

◑ **기본 도넛**: 검정 　◑ **아이싱**: 하양

귀(2개)

◑ **바늘**: 4mm 　◑ **실**: 하양, 검정
◑ **뜨개 방법**
- 하양 실
1단: 매직링 안에 짧은뜨기 6
2단: [짧은뜨기 1, 1코에 짧은뜨기 2] × 3(9코)
- 검정 실로 바꾸기
3단: 짧은뜨기 1, [1코에 짧은뜨기 2, 짧은뜨기 2]] × 2, 1코에 짧은뜨
　　기 2, 짧은뜨기 1(12코)
4단: [짧은뜨기 3, 1코에 짧은뜨기 2] × 3(15코)
- 하양 실로 바꾸기
5단: 짧은뜨기 2, 1코에 짧은뜨기 2, [짧은뜨기 4, 1코에 짧은뜨기 2] ×

2, 짧은뜨기 2(18코)

6단: [짧은뜨기 5, 1코에 짧은뜨기 2] × 3(21코)

- 검정 실로 바꾸기

7단: 모든 코에 짧은뜨기 1(21코)

8단: [짧은뜨기 5, 안 보이게 줄이기 1] × 3(18코)

- 하양 실로 바꾸기

9단: 짧은뜨기 2, 안 보이게 줄이기 1, [짧은뜨기 4, 안 보이게 줄이기 1] × 2, 짧은뜨기 2(15코)

10단: [짧은뜨기 3, 안 보이게 줄이기 1] × 3(12코)

11단: 모든 코에 짧은뜨기 1(12코)

✪ 마무리

① 빼뜨기한 후 10cm 이상 실을 남기고 자른다.

② 균등한 간격으로 아이싱 뒤쪽에 바느질하여 고정한다.

주둥이

✪ **바늘**: 3mm   ✪ **실**: 검정

✪ **뜨개 방법**

1단: 매직링 안에 짧은뜨기 6(6코)

2단: 모든 코에 짧은뜨기 2(12코)

3단: [짧은뜨기 1, 1코에 짧은뜨기 2] × 6(18코)

4단: [짧은뜨기2, 1코에 짧은뜨기 2] × 6(24코)

5단: [짧은뜨기 3, 1코에 짧은뜨기 2] × 6(30코)

6~8단: 모든 코에 짧은뜨기 1(30코)

✪ 마무리

① 빼뜨기한 후 10cm 이상 실을 남기고 자른다.

② 충전재를 채우고 도넛의 중앙에 바느질하여 고정한다.

③ 하양 자수실로 콧구멍을 수놓는다.

눈

① 기본 도넛에 아이싱을 바느질하기 전 6단과 7단 사이에 인형 눈을 놓고 뒤쪽에서 꿰매어 고정한다.

② 3세 미만의 아이를 위한 인형을 만들 때는 코바늘뜨기나 자수로 눈을 만든다.(11쪽 참조)

③ 검정 자수실로 눈 윗부분에 선을 더해 눈을 반쯤 감은 듯한 효과를 낸다.

갈기

✪ **뜨개 방법**

① 검정과 하양 실을 아이싱 뒤쪽에서 앞쪽으로 꿰어 단단히 묶는다.

② 2.5cm 길이로 다듬는다.(123쪽 참조)

줄무늬

✪ **바늘**: 3mm   ✪ **실**: 검정

✪ **뜨개 방법**

큰 줄무늬(2개)

사슬코를 12~15코 정도로 만들고, 실을 길게 남기고 자른다.

중간 줄무늬(2개)

사슬코를 10~12코 정도로 만들고, 실을 길게 남기고 자른다.

✪ 마무리

큰 줄무늬는 볼 쪽에, 중간 줄무늬는 눈 사이에 바느질하여 줄무늬를 표현한다.

삼각무늬

✪ **바늘**: 3mm   ✪ **실**: 검정

✪ **뜨개 방법(평면뜨기)**

큰 삼각형(3개)

1단: 사슬뜨기 6, 2번째 사슬에서 시작하여 모든 코에 짧은뜨기 1, 뒤집기 (5코)

2단: 사슬뜨기 1(2~5단 사슬은 콧수 ×), 짧은뜨기 1, 안 보이게 줄이기 1, 짧은뜨기 2, 뒤집기(4코)

3단: 사슬뜨기 1, 짧은뜨기 1, 안 보이게 줄이기 1, 짧은뜨기 1, 뒤집기(3코)

4단: 사슬뜨기 1, 짧은뜨기 1, 안 보이게 줄이기 1, 뒤집기(2코)

5단: 사슬뜨기 1, 안 보이게 줄이기 1(1코)

작은 삼각형(2개)

1단: 사슬뜨기 4, 2번째 사슬에 빼뜨기, 긴뜨기 1, 한길긴뜨기 1

✪ 마무리

원하는 위치에 바느질한다.

카멜레온

깜찍한 손가락과 발가락,
그리고 개성 넘치는 프릴을
가진 카멜레온은 동물 친구들과
어울리는 것을 좋아한답니다.
생동감 있게 만들려면 선명한
색을 사용해 보세요!

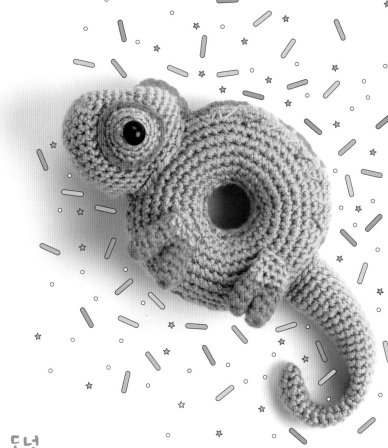

준비할 재료

* **모사용 코바늘**: 2mm, 2.5mm, 3mm, 4mm
* **실**: 베이지색, 겨자색, 주황, 파랑, 진분홍
* **자수실**: 파랑, 진분홍, 연두
* **인형 눈**: 2x10~14mm
* 인형 눈은 검정 실로 만들 수도 있다. 나사형 인형 눈은 3세 이상의 어린이에게만 사용한다.

도넛

❷ **기본 도넛**: 베이지색 ❷ **아이싱**: 겨자색

머리

❷ **바늘**: 3mm
❷ **실**: 겨자색
❷ **뜨개 방법**

1단: 매직링 안에 짧은뜨기 8(8코)
2단: 1코에 짧은뜨기 3, 짧은뜨기 3, 1코에 짧은뜨기 3, 짧은뜨기 3(12코)
3단: 짧은뜨기 1, 1코에 짧은뜨기 3, 짧은뜨기 5, 1코에 짧은뜨기 3, 짧은뜨기 4(16코)
4단: 짧은뜨기 2, 1코에 짧은뜨기 3, 짧은뜨기 7, 1코에 짧은뜨기 3, 짧은뜨기 5(20코)
5단: 짧은뜨기 3, 1코에 짧은뜨기 3, 짧은뜨기 9, 1코에 짧은뜨기 3, 짧은뜨기 6(24코)
6~7단: 모든 코에 짧은뜨기 1(24코)

8단: 짧은뜨기 8, 6코에 짧은뜨기 2, 짧은뜨기 10(30코)

9단: 짧은뜨기 8, [짧은뜨기 1, 1코에 짧은뜨기 2] × 6, 짧은뜨기 10(36코)

10~14단: 모든 코에 짧은뜨기 1(36코)

15단: 짧은뜨기 12, 안 보이게 줄이기 1, 짧은뜨기 8, 안 보이게 줄이기 1, 짧은뜨기 12(34코)

16~18단: 모든 코에 짧은뜨기 1(34코)

❍ 마무리

① 2코 빼뜨기한 후 10cm 이상 실을 남기고 잘라 단단히 묶는다.

② 충전재를 채운다.

③ 도넛에 바느질하여 고정한다.

눈(2개)

❍ 바늘: 2mm **❍ 실**: 겨자색, 분홍

❍ 뜨개 방법

- 겨자색 실

1단: 매직링 안에 짧은뜨기 8(8코)

2~3단: 모든 코에 짧은뜨기 1(8코)

4단: 모든 코에 짧은뜨기 2(16코)

5단: 모든 코에 짧은뜨기 1(16코)

- 분홍 실로 바꾸기

6단: 모든 코에 짧은뜨기 1(16코)

❍ 마무리

① 빼뜨기한 후 10cm 이상 실을 남기고 자른다.

② 충전재를 채운다.

③ 머리의 양쪽에 바느질한다.

눈 안들기

인형 눈을 사용하거나, 3세 미만의 아이를 위한 인형을 만들 때는 코바늘뜨기나 자수로 눈을 만든다.(11쪽 참조)

프릴

❍ 바늘: 2.5mm **❍ 실**: 파랑

❍ 뜨개 방법

① 기본 도넛(몸)에서 6~7번째 코에서 시작하여 Ⓐ와 같이 바늘을 통과시킨다.

② Ⓑ와 같이 사슬 1개를 만들어 실을 빼낸 후, 같은 코에 다시 짧은뜨기 1개를 한다.

③ Ⓒ와 같이 몸의 뒤쪽 방향으로 원하는 길이 만큼 프릴을 뜬다.

입

원하는 색의 실로 눈 바로 아래에 수놓는다.

팔(2개)

❍ 바늘: 2.5mm **❍ 실**: 주황, 겨자색

1번째 손가락

❍ 뜨개 방법

- 주황 실

1단: 매직링 안에 짧은뜨기 4(4코)

2~3단: 모든 코에 짧은뜨기 1(4코)

❍ 마무리

빼뜨기한 후, 10cm 이상 실을 남기고 자른다.

2번째 손가락

❍ 뜨개 방법

- 주황 실

1단: 매직링 안에 짧은뜨기 4(4코)

2~4단: 모든 코에 짧은뜨기 1(4코)

5단: 손가락 2개를 빼뜨기로 연결, 같은 코에 짧은뜨기 1, 짧은뜨기 7(8코)

- 겨자색 실로 바꾸기

6~8단: 모든 코에 짧은뜨기 1(8코)

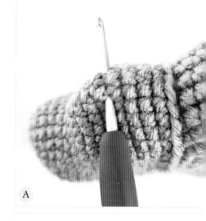

A

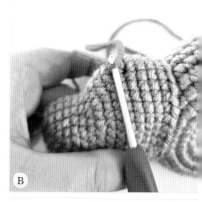

B

C

D

◐ 마무리

① 빼뜨기한 후 10cm 이상 실을 남기
고 자른다.

② 충전재를 채운다.

③ 도넛에 바느질하여 고정한다.

다리(2개)

◐ 바늘: 2.5mm

◐ 실: 주황, 겨자색

1번째 발가락

◐ 뜨개 방법

- 주황 실

1단: 매직링 안에 짧은뜨기 4(4코)

2~3단: 모든 코에 짧은뜨기 1(4코)

◐ 마무리

빼뜨기한 후, 10cm 이상 길게 실을 남
기고 자른다.

2번째 발가락

◐ 뜨개 방법

- 주황 실

1단: 매직링 안에 짧은뜨기 4(4코)

2~4단: 모든 코에 짧은뜨기 1(4코)

5단: 발가락 2개를 빼뜨기로 연결한다.
같은 코에 짧은뜨기 1, 짧은뜨기
7(8코)

6단: 모든 코에 짧은뜨기 1(8코)

- 겨자색 실로 바꾸기

7단: 1코에 짧은뜨기 2, 짧은뜨기 3, 1코
에 짧은뜨기 2, 짧은뜨기 3(10코)

8~9단: 모든 코에 짧은뜨기 1(10코)

◐ 마무리

① 빼뜨기한 후 10cm 이상 실을 남기
고 자른다.

② 충전재를 채운다.

③ 도넛에 바느질하여 고정한다.

꼬리

◐ 바늘: 2.5mm ◐ 실: 겨자색

1단: 매직링 안에 짧은뜨기 5(5코)

2~3단: 모든 코에 짧은뜨기 1(5코)

4단: 1코에 짧은뜨기 2, 짧은뜨기 4(6
코)

5~6단: 모든 코에 짧은뜨기 1(6코)

7단: 1코에 짧은뜨기 2, 짧은뜨기 5(7
코)

8단: 모든 코에 짧은뜨기 1(7코)

9단: 1코에 짧은뜨기 2, 짧은뜨기 6(8
코)

10~12단: 모든 코에 짧은뜨기 1(8코)

13단: 1코에 짧은뜨기 2, 짧은뜨기 7(9
코)

14~16단: 모든 코에 짧은뜨기 1(9코)

17단: 1코에 짧은뜨기 2, 짧은뜨기
8(10코)

18~19단: 모든 코에 짧은뜨기 1(10코)

20단: 1코에 짧은뜨기 2, 짧은뜨기
9(11코)

21~22단: 모든 코에 짧은뜨기 1(11코)

23단: 1코에 짧은뜨기 2, 짧은뜨기
10(12코)

24~25단: 모든 코에 짧은뜨기 1(12코)

26단: 1코에 짧은뜨기 2, 짧은뜨기
11(13코)

27단: 모든 코에 짧은뜨기 1(13코)

28단: 1코에 짧은뜨기 2, 짧은뜨기
12(14코)

29단: 모든 코에 짧은뜨기 1(14코)

30단: 1코에 짧은뜨기 2, 짧은뜨기
13(15코)

31~32단: 모든 코에 짧은뜨기 1(15코)

◐ 마무리

① 빼뜨기한 후 10cm 이상 실을 남기고
자른다.

② 충전재를 채운다.

③ 머리 반대쪽 도넛에 바느질하여 고정
한다.

몸 무늬

파랑, 진분홍, 연두 자수실로 카멜레온의
몸에 V자로 수놓아 장식한다.

거북이

이 작은 동물 친구는 가끔
가려던 길에서 벗어나기는
하지만 결국엔 목적지에
도달한답니다. 등에 예쁜
꽃을 달고 스프링클로
개성을 더해 보세요.

준비할 재료

* **모사용 코바늘**: 3mm, 4mm
* **실**: 베이지색, 황갈색, 연두
* **자수실**: 연보라, 연노랑, 하양
* **인형 눈**: 2x10~14mm
* **인형 눈은 검정 실로 만들 수도 있다. 나사형 인형 눈은 3세 이상의 어린이에게만 사용한다.

도넛의 등 부분에
원하는 색으로 꽃을 만들어
스프링클과 함께 장식해요.
자신만의 스타일로
완성해 보세요.

도넛

- **기본 도넛**: 베이지색
- **아이싱**: 황갈색

머리

- **바늘**: 4mm   **실**: 연두
- **뜨개 방법**
1단: 매직링 안에 짧은뜨기 6(6코)
2단: 모든 코에 짧은뜨기 2(12코)
3단: [짧은뜨기 1, 1코에 짧은뜨기 2] × 6(18코)
4단: [짧은뜨기 2, 1코에 짧은뜨기 2] × 6(24코)
5~8단: 모든 코에 짧은뜨기 1(24코)
9단: [1코에 짧은뜨기 2, 안 보이게 줄이기 1] × 6(18코)
10단: [1코에 짧은뜨기 1, 안 보이게 줄이기 1] × 6(12코)
- **마무리**
① 빼뜨기한 후 10cm 이상 실을 남기고 자른다.
② 충전재를 채운다.
③ 눈을 머리의 양 옆면에 바느질한다.
③ 도넛에 바느질하여 고정한다.

다리(4개)

- **바늘**: 3mm   **실**: 연두
- **뜨개 방법**
1단: 매직링 안에 짧은뜨기 6(6코)
2단: 모든 코에 짧은뜨기 2(12코)
3~6단: 모든 코에 짧은뜨기 1(12코)
- **마무리**
① 빼뜨기한 후 10cm 이상 실을 남기고 자른다.
② 충전재를 채운다.
③ 도넛에 적당한 간격으로 바느질하여 고정한다.

꼬리

- **바늘**: 3mm   **실**: 연두
- **뜨개 방법**
1단: 매직링 안에 짧은뜨기 4(4코)
2단: [짧은뜨기 1, 1코에 짧은뜨기 2] × 2(6코)
3단: [짧은뜨기 2, 1코에 짧은뜨기 2] × 2(8코)
- **마무리**
① 빼뜨기한 후 10cm 이상 실을 남기고 자른다.
② 충전재를 채운다.
③ 머리 반대쪽 도넛에 바느질하여 고정한다.

눈

① 인형 눈을 사용한다면 도넛을 만들 때 미리 붙인다. 머리의 6단과 7단 사이에 일정한 간격을 두어 달도록 한다.
② 3세 미만의 아이를 위한 인형을 만들 때는 코바늘뜨기나 자수로 눈을 만든다.(11쪽 참조)
③ 하양 자수실로 눈 가장자리의 반 정도까지 선을 넣는다.

꽃

원하는 색 실로 꽃을 만들어 거북이 등에 바느질한다.(114쪽 참조)

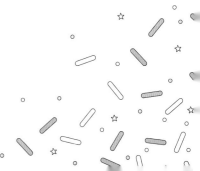

양

귀여운 얼굴에 몽실몽실한
털을 가진 동물 친구를 만들어
보세요. 아래로 접힌 귀는
더욱 귀엽답니다. 꽃을 만들어
포인트를 주면 완성이에요!

준비할 재료

* **모사용 코바늘**: 3mm, 4mm
* **실**: 상아색, 연회색
* **자수실**: 연갈색
* **인형 눈**: 2x10~14mm

* 인형 눈은 검정 실로 만들 수도 있다. 나사형 인형 눈은 3세 이상의 어린이에게만 사용한다.

도넛

○ **기본 도넛**: 상아색

아이싱

○ **바늘**: 4mm   ○ **실**: 상아색
○ **뜨개 방법**
사슬뜨기 20, 첫코에 빼뜨기해서 원을 만든다.(20코)
1단: 사슬뜨기 1(사슬은 콧수 ×), 짧은뜨기 1, 1코에 짧은뜨기 2, [짧은뜨기 1, 1코에 짧은뜨기 2] × 9(30코)
2단: 짧은뜨기 15, 방울뜨기 1(123쪽 참조), [짧은뜨기 2, 방울뜨기 1] × 4, 짧은뜨기 2(30코)
3단: [짧은뜨기 2, 1코에 짧은뜨기 2] × 10(40코)
4단: 짧은뜨기 22, 방울뜨기 1, [짧은뜨기 1, 방울뜨기 1] × 7, 짧은뜨기 3(40코)

5단: [짧은뜨기 3, 1코에 짧은뜨기 2] ×
10(50코)

6단: 짧은뜨기 28, 방울뜨기 1, [짧은뜨
기 1, 방울뜨기 1] × 9, 짧은뜨기
3(50코)

7~8단: 모든 코에 짧은뜨기 1(50코)

9단:

- 아이싱 프릴 만들기

프릴 1: 짧은뜨기 1, 긴뜨기 1, 한길긴뜨
기 1, 두길긴뜨기 1, 한길긴뜨기
1, 긴뜨기 1, 짧은뜨기 3

프릴 2: 긴뜨기 1, 한길긴뜨기 1, 두길긴
뜨기 2, 한길긴뜨기 1, 짧은뜨기
3

프릴 3: 긴뜨기 1, 한길긴뜨기 2, 긴뜨기
1, 짧은뜨기 3

프릴 4: 긴뜨기 1, 한길긴뜨기 1, 두길긴
뜨기 2, 한길긴뜨기 1, 긴뜨기 1,
짧은뜨기 3

프릴 5: 긴뜨기 1, 한길긴뜨기 2, 두길긴
뜨기 1, 한길긴뜨기 1, 긴뜨기 1,
짧은뜨기 3

프릴 6: 긴뜨기 2, 한길긴뜨기 3, 짧은뜨
기 3(50코)

❂ 마무리

① 빼뜨기한 후 10cm 이상 실을 남기고
자른다.

② 인형 눈을 사용할 경우에는 아이싱의
4단과 5단 사이에 일정한 간격을 두어
달도록 한다.

③ 아이싱을 구멍에서부터 시작해서 기본
도넛 가장자리까지 바느질한다.

주둥이

❂ 바늘: 3mm **❂ 실:** 연회색

❂ 뜨개 방법

1단: 매직링 안에 짧은뜨기 6(6코)

2단: 모든 코에 짧은뜨기 2(12코)

3단: [짧은뜨기 1, 1코에 짧은뜨기 2] ×
6(18코)

4단: [짧은뜨기 2, 1코에 짧은뜨기 2] ×
6(24코)

5단: [짧은뜨기 3, 1코에 짧은뜨기 2] ×
6(30코)

6단: 모든 코에 짧은뜨기 1(30코)

❂ 마무리

① 빼뜨기한 후 10cm 이상 실을 남기고
자른다.

② 충전재를 채우고 도넛의 중앙에 바느
질하여 고정한다.

③ 연갈색 자수실로 코와 입을 수놓는다.

눈

인형 눈을 사용한다면 도넛을 만들 때 미
리 붙인다. 3세 미만의 아이를 위한 인형
을 만들 때는 코바늘뜨기나 자수로 눈을
(11쪽 참조)

귀(2개)

❂ 바늘: 4mm **❂ 실:** 연회색

❂ 뜨개 방법

1단: 매직링 안에 짧은뜨기 6(6코)

2단: 모든 코에 짧은뜨기 2(12코)

3단: [짧은뜨기 1, 1코에 짧은뜨기 2] ×
6(18코)

4단: [짧은뜨기 2, 1코에 짧은뜨기 2] ×
6(24코)

5~7단: 모든 코에 짧은뜨기 1(24코)

8단: [짧은뜨기 2, 안 보이게 줄이기 1]
× 6(18코)

9단: [짧은뜨기 1, 안 보이게 줄이기 1]
× 6(12코)

10단: 모든 코에 짧은뜨기 1(12코)

❂ 마무리

① 빼뜨기한 후 10cm 이상 실을 남기고
자른다.

② 귀를 반으로 접어 잡고 몇 땀 바느질하
여 귀 모양을 만든다.

③ 접은 부분이 위로 가도록 하여 도넛의
양쪽에 바느질하여 고정한다.

꽃

원하는 색 실로 꽃을 만들어 귀 앞에 바느
(114쪽 참조)

트리케라톱스

이 공룡은 예쁜 프릴 장식과
깨끗하고 하얀 뿔을 동물
친구들에게 뽐내는 것을
좋아한답니다. 얼마나
당당한 모습인지 보세요!

준비할 재료

* **모사용 코바늘**: 2.5mm, 3mm, 4mm
* **실**: 진초록, 초록, 밝은청록, 하양
* **자수실**: 하양
* **인형 눈**: 2x10~14mm
* 인형 눈은 검정 실로 만들 수도 있다. 나사형 인형 눈은 3세 이상의 어린이에게만 사용한다.

도넛

◐ **기본 도넛**: 진초록
◐ **기본 프릴**: 초록

기본 프릴

◐ **바늘**: 3mm ◐ **실**: 초록
◐ **뜨개 방법**
1단: 사슬뜨기 27, 2번째 사슬에서 시작하여 모든 코에 긴뜨기 1, 사슬뜨기 1(1~3단 사슬은 콧수 ×), 뒤집기(26코)
2단: [1코에 긴뜨기 2, 긴뜨기 3] × 6, 긴뜨기 2, 사슬뜨기 1, 뒤집기 (32코)

3단: [1코에 긴뜨기 2, 긴뜨기 3] × 8, 사슬뜨기 1, 뒤집기(40코)

4단: 모든 코에 긴뜨기 1(40코)

프릴 윗부분

◑ 바늘: 3mm   **◑ 실**: 밝은청록

◑ 뜨개 방법

1단: 만들어 둔 기본 프릴 첫 코에 연결하여 사슬뜨기 1(사슬은 콧수 ×), 조개뜨기19 (123쪽 참조), 사슬뜨기 1, 마지막 2코는 뜨지 않음, 뒤집기(조개뜨기 19)

2단: 짧은뜨기 1, * 조개뜨기 사이에 있는 코에 한길긴뜨기 5, 2번째 조개뜨기의 3번째 코에 짧은뜨기 1(연결), * 부분부터 마지막 조개뜨기 끝나는 지점까지 반복, 마지막 짧은뜨기 코에 짧은뜨기 1(조개뜨기 18)

◑ 마무리

빼뜨기한 후 10cm 이상 실을 남기고 자른다.

주둥이

◑ 바늘: 3mm   **◑ 실**: 초록

◑ 뜨개 방법

1단: 매직링 안에 짧은뜨기 6(6코)

2단: 모든 코에 짧은뜨기 2(12코)

3단: [짧은뜨기 1, 1코에 짧은뜨기 2] × 6(18코)

4단: 모든 코에 짧은뜨기 1(18코)

5단: [짧은뜨기 2, 1코에 짧은뜨기 2] × 6(24코)

6단: 모든 코에 뒷고리 이랑뜨기 1(24코)(119쪽 참조)

7~8단: 모든 코에 짧은뜨기 1(24코)

9단: [짧은뜨기 2, 안 보이게 줄이기 1] × 6(18코)

◑ 마무리

① 빼뜨기한 후 10cm 이상 실을 남기고 자른다.

② 충전재를 채운다.

③ 도넛의 중앙에 바느질하여 고정한다.

큰 뿔(2개)

◑ 바늘: 2.5mm   **◑ 실**: 하양

◑ 뜨개 방법

1단: 매직링 안에 짧은뜨기 4(4코)

2단: [짧은뜨기 1, 1코에 짧은뜨기 2] × 2(6코)

3단: [짧은뜨기 1, 1코에 짧은뜨기 2] × 3(9코)

4~6단: 모든 코에 짧은뜨기 1(9코)

◑ 마무리

① 빼뜨기한 후 10cm 이상 실을 남기고 자른다.

② 충전재를 채운다.

③ 균등한 간격으로 도넛에 바느질하여 고정한다.

작은 뿔

◑ 바늘: 2.5mm   **◑ 실**: 하양

◑ 뜨개 방법

1단: 매직링 안에 짧은뜨기 4(4코)

2단: [짧은뜨기 1, 1코에 짧은뜨기 2] × 2(6코)

3~4단: 모든 코에 짧은뜨기 1(6코)

◑ 마무리

① 빼뜨기한 후 10cm 이상 실을 남기고 자른다.

② 주둥이의 중앙 위쪽에 바느질하여 고정한다.

눈

① 인형 눈을 사용한다면 도넛을 만들 때 아이싱의 4단과 5단 사이에 미리 붙인다.

② 3세 미만의 아이를 위한 인형을 만들 때는 코바늘뜨기나 자수로 눈을 만든다.(11쪽 참조)

③ 하양 자수실로 눈 가장자리의 반 정도까지 선을 넣는다. 인형 눈을 사용하지 않은 경우라면, 감은 눈으로 표현해도 좋다.

기본 프릴에 프릴
윗부분 연결해 뜨기

오리

이 활기찬 오리는 동물
친구들과 뒤뚱뒤뚱 걷는
것을 좋아한답니다. 작은
몸과 귀여운 부리, 머리
깃털이 정말 사랑스러워요.

준비할 재료

* **모사용 코바늘**: 3mm, 4mm
* **실**: 베이지색, 노랑, 연주황
* **자수실**: 하양
* **인형 눈**: 2x10~14mm
* 인형 눈은 검정 실로 만들 수도 있
  다. 나사형 인형 눈은 3세 이상의
  어린이에게만 사용한다.

도넛

- **기본 도넛**: 베이지색
- **아이싱**: 노랑

눈

① 인형 눈을 사용한다면 도넛을 만들 때 미리 붙인다. 아이싱의 6단과 7단 사이에 달도록 한다.
② 3세 미만의 아이를 위한 인형을 만들 때는 코바늘뜨기나 자수로 눈을 만든다.(11쪽 참조)
③ 하양 자수실로 눈 가장자리의 반 정도까지 선을 넣는다.

머리카락

① 노랑 실을 사용해서 머리카락 뭉치를 만든다.
② 아이싱의 뒤쪽에서 앞쪽으로 실을 통과하고 뒤에서 매듭을 짓는다.
③ 1cm 길이로 자른다.

부리

- **바늘**: 3mm **실**: 연주황

▶ 뜨개 방법

1단: 사슬뜨기 9, 2번째 사슬에서 시작하여 짧은뜨기 7, 1코에 짧은뜨기 2, 사슬의 반대쪽 고리에 짧은뜨기 7, 1코에 짧은뜨기 2(18코)
2~3단: 모든 코에 짧은뜨기 1(18코)

▶ 마무리

① 빼뜨기한 후 10cm 이상 실을 남기고 자른다.
② 도넛 구멍의 위쪽에 모양을 구부려가며 바느질하여 고정한다.

날개(2개)

- **바늘**: 3mm **실**: 노랑

▶ 뜨개 방법

1단: 매직링 안에 짧은뜨기 4(4코)
2단: 모든 코에 짧은뜨기 2(8코)
3단: [짧은뜨기 1, 1코에 짧은뜨기 2] × 4(12코)
4~5단: 모든 코에 짧은뜨기 1(12코)
6단: [짧은뜨기 1, 1코에 짧은뜨기 2] × 6(18코)
7단: 모든 코에 짧은뜨기 1(18코)
8단: [짧은뜨기 2, 1코에 짧은뜨기 2] × 6(24코)

9~12단: 모든 코에 짧은뜨기 1(24코)
13단: [1코에 짧은뜨기 2, 안 보이게 줄이기 1] × 6(18코)
14단: [1코에 짧은뜨기 1, 안 보이게 줄이기 1] × 6(12코)
15단: [안 보이게 줄이기 1] × 6(6코)

▶ 마무리

① 빼뜨기한 후 10cm 이상 실을 남기고 자른다.
② 아이싱과 기본 도넛에 반씩 걸쳐 바느질한다.

발(2개)

- **바늘**: 3mm **실**: 연주황

▶ 뜨개 방법

1단: 매직링 안에 짧은뜨기 6(6코)
2단: 모든 코에 짧은뜨기 2(12코)
3단: [짧은뜨기 1, 1코에 짧은뜨기 2] × 6(18코)
4~5단: 모든 코에 짧은뜨기 1(18코)

▶ 마무리

① 발을 반으로 접고 빼뜨기로 마무리한다.
② 도넛의 아랫부분에 바느질하여 고정한다.

소

다른 색의 귀와 얼룩무늬를 가진 동물 친구예요. 원하는 곳에 꽃으로 장식하면 더욱 매력적인 모습을 보여줄 수 있어요.

준비할 재료

* **모사용 코바늘**: 3mm, 4mm
* **실**: 베이지색, 하양, 연분홍, 검정
* **자수실**: 하양, 분홍
* **인형 눈**: 2x10~14mm
* 인형 눈은 검정 실로 만들 수도 있다. 나사형 인형 눈은 3세 이상의 어린이에게만 사용한다.

도넛

◑ **기본 도넛**: 베이지색
◑ **아이싱**: 하양

귀(하양 1, 검정 1)

◑ **바늘**: 3mm ◑ **실**: 하양, 검정
◑ **뜨개 방법**
1단: 매직링 안에 짧은뜨기 6(6코)
2단: [짧은뜨기 2, 1코에 짧은뜨기 2] × 2(8코)
3단: 모든 코에 짧은뜨기 1(8코)
4단: [짧은뜨기 1, 1코에 짧은뜨기 2] × 4(12코)
5단: 모든 코에 짧은뜨기 1(12코)
6단: [짧은뜨기 1, 1코에 짧은뜨기 2] × 6(18코)
7~9단: 모든 코에 짧은뜨기 1(18코)
10단: [안 보이게 줄이기 1] × 9(9코)

❂ 마무리
① 빼뜨기한 후 10cm 이상 실을 남기고 자른다.
② 균등한 간격을 두고 아이싱의 뒤쪽에 바느질하여 고정한다.

뿔(2개)

❂ **바늘**: 3mm   ❂ **실**: 베이지색
❂ **뜨개 방법**
1단: 매직링 안에 짧은뜨기 4(4코)
2단: [짧은뜨기 1, 1코에 짧은뜨기 2] × 2(6코)
3단: [짧은뜨기 1, 1코에 짧은뜨기 2] × 3(9코)
4~6단: 모든 코에 짧은뜨기 1(9코)
❂ **마무리**
① 빼뜨기한 후 10cm 이상 실을 남기고 자른다.
② 충전재를 채운다.
③ 귀의 간격보다 조금 좁게 배치하여 바느질하여 고정한다.

코

❂ **바늘**: 3mm   ❂ **실**: 연분홍
❂ **뜨개 방법**
1단: 사슬뜨기 9, 2번째 사슬에 짧은뜨기 2, 짧은뜨기 6, 1코에 짧은뜨기 3, 기본 사슬의 반대쪽 고리에 짧은뜨기 6, 마지막 코에 짧은뜨기 1(18코)
2단: 2코에 짧은뜨기 2, 짧은뜨기 6, 3코에 짧은뜨기 2, 짧은뜨기 6, 1코에 짧은뜨기 2(24코)
3~4단: 모든 코에 짧은뜨기 1(24코)
❂ **마무리**
① 빼뜨기한 후 10cm 이상 실을 남기고 자른다.
② 충전재를 채운다.
③ 도넛의 중앙에 바느질하여 고정한다.
④ 분홍 자수실로 콧구멍을 수놓는다.

눈

① 인형 눈을 사용한다면 도넛을 만들 때 아이싱의 4단과 5단 사이에 미리 붙인다.
② 3세 미만의 아이를 위한 인형을 만들 때는 코바늘뜨기나 자수로 눈을 만든다.(11쪽 참조)
③ 하양 자수실로 눈 가장자리의 반 정도까지 선을 넣는다.

얼룩무늬(5개)

❂ **바늘**: 3mm   ❂ **실**: 검정
❂ **뜨개 방법**
1단: 사슬뜨기 6, 2번째 사슬에서 시작하여 모든 코에 짧은뜨기 1, 사슬뜨기 1(1~3단 사슬은 콧수 ×), 뒤집기(5코)
2단: 짧은뜨기 1, 안 보이게 줄이기 1, 짧은뜨기 2, 사슬뜨기 1, 뒤집기(4코)
3단: 짧은뜨기 1, 안 보이게 줄이기 1, 짧은뜨기 1, 사슬뜨기 1, 뒤집기(3코)
4단: 짧은뜨기 1, 안 보이게 줄이기 1(2코)
❂ **마무리**
① 빼뜨기한 후 10cm 이상 실을 남기고 자른다.
② 아이싱의 원하는 곳에 바느질한다.

꽃

원하는 색 실로 꽃을 만들어 귀 앞에 바느질한다.(114쪽 참조)

원하는 만큼 많은 점을 만들 수도 있고, 점을 넣지 않아도 좋아요. 각자의 개성이 담긴 소는 늘 멋지니까요!

여우

깔끔한 입과 동그란 코를 가진
잘생긴 동물 친구랍니다. 그는
외모를 뽐내며 걸어다니는
것을 좋아해요. 친구들은 그가
꽤 멋지다고 생각한답니다!

준비할 재료

* **모사용 코바늘**: 3mm, 4mm
* **실**: 연갈색, 적갈색, 상아색, 검정
* **자수실**: 하양
* **인형 눈**: 2x10~14mm
* 인형 눈은 검정 실로 만들 수도 있
  다. 나사형 인형 눈은 3세 이상의
  어린이에게만 사용한다.

멋진 둥근 코를 만들려면,
실로 여러번 층을 쌓아가며
바느질하세요. 위로 갈수록
땀을 작게 하세요.

도넛

- **기본 도넛**: 연갈색
- **아이싱**: 적갈색

귀(2개)

- **바늘**: 4mm
- **실**: 검정, 적갈색
- **뜨개 방법**
- 검정 실
1단: 매직링 안에 짧은뜨기 6(6코)
2단: [짧은뜨기 2, 1코에 짧은뜨기 2] × 2(8코)
3단: 모든 코에 짧은뜨기 1(8코)
- 적갈색 실로 바꾸기
4단: [짧은뜨기 1, 1코에 짧은뜨기 2] × 4(12코)
5단: 모든 코에 짧은뜨기 1(12코)
6단: [짧은뜨기 1, 1코에 짧은뜨기 2] × 6(18코)
7~9단: 모든 코에 짧은뜨기 1(18코)
- **마무리**
① 빼뜨기한 후 10cm 이상 실을 남기고 자른다.
② 균등한 간격으로 아이싱의 뒤쪽에 바느질하여 고정한다.

눈

① 인형 눈을 사용한다면 도넛을 만들 때 아이싱의 4단과 5단 사이에 미리 붙인다.

② 3세 미만의 아이를 위한 인형을 만들 때는 코바늘뜨기나 자수로 눈을 만든다.(11쪽 참조)
③ 하양 자수실로 눈 가장자리의 반 정도까지 선을 넣는다.

주둥이

- **바늘**: 4mm - **실**: 상아색
- **뜨개 방법**
1단: 매직링 안에 짧은뜨기 4(4코)
2단: 1코에 짧은뜨기 2, 짧은뜨기 2, 1코에 짧은뜨기 2(6코)
3단: 2코에 짧은뜨기 2, 짧은뜨기 3, 1코에 짧은뜨기 2(9코)
4단: 짧은뜨기 3, 1코에 짧은뜨기 2, 짧은뜨기 3, 2코에 짧은뜨기 2(12코)
5단: 짧은뜨기 3, 1코에 짧은뜨기 2, 짧은뜨기 5, 1코에 짧은뜨기 2, 짧은뜨기 1, 1코에 짧은뜨기 2(15코)
6단: 1코에 짧은뜨기 2, 짧은뜨기 3, 1코에 짧은뜨기 2, 짧은뜨기 6, 1코에 짧은뜨기 2, 짧은뜨기 3(18코)
7단: 1코에 짧은뜨기 2, 짧은뜨기 4, 1코에 짧은뜨기 2, 짧은뜨기 7, 1코에 짧은뜨기 2, 짧은뜨기 4(21코)

마무리

① 빼뜨기한 후 10cm 이상 실을 남기고 자른다.
② 충전재를 채운다.
③ 도넛의 중앙에 바느질하여 고정한다.

주둥이 패널, 코

- **바늘**: 3mm - **실**: 적갈색, 검정
- **뜨개 방법**
1단: 사슬뜨기 5, 2번째 사슬에서 시작하여 모든 코에 짧은뜨기 1, 뒤집기(4코)
2단: 사슬뜨기 1(2~7단 사슬은 콧수 ×), 모든 코에 짧은뜨기 1, 뒤집기(4코)
3단: 사슬뜨기 1, 1코에 짧은뜨기 2, 짧은뜨기 2, 1코에 짧은뜨기 2, 뒤집기(6코)
4단: 사슬뜨기 1, 모든 코에 짧은뜨기 1, 뒤집기(6코)
5단: 사슬뜨기 1, 1코에 짧은뜨기 2, [짧은뜨기 1, 1코에 짧은뜨기 2] × 2, 짧은뜨기 1, 뒤집기(9코)
6~7단: 사슬뜨기 1, 모든 코에 짧은뜨기 1(9코)

마무리

① 빼뜨기한 후 10cm 이상 실을 남기고 자른다.
② 주둥이 위에 덮어 바느질한다.
③ 검정 실을 같은 곳에 계속 반복해서 꿰매어 코를 만든다.

곰

온순하고 포근하여 품에 꼭
껴안고 싶은 동물 친구예요.
동그란 눈, 코, 입이 귀엽고
친근하게 느껴진답니다.

준비할 재료

* **모사용 코바늘**: 3mm, 4mm

* **실**: 베이지색, 어두운갈색, 연
  갈색

* **자수실**: 하양, 검정

* **인형 눈**: 2x10~14mm

* 인형 눈은 검정 실로 만들 수도
  있다. 나사형 인형 눈은 3세 이상
  의 어린이에게만 사용한다.

하나의 색을 사용하거나
두 가지의 실을 사용해도
재미있는 효과를
낼 수 있답니다.

도넛

- ❍ **기본 도넛**: 베이지색
- ❍ **아이싱**: 어두운갈색

귀(2개)

- ❍ **바늘**: 3mm ❍ **실**: 어두운갈색
- ❍ **뜨개 방법**

1단: 매직링 안에 짧은뜨기 6(6코)
2단: 모든 코에 짧은뜨기 2(12코)
3단: [짧은뜨기 1, 1코에 짧은뜨기 2]
　　　× 6(18코)
4단: [짧은뜨기 5, 1코에 짧은뜨기 2]
　　　× 3(21코)
5단: [짧은뜨기 5, 안 보이게 줄이기 1]
　　　× 3(18코)
6단: [짧은뜨기 4, 안 보이게 줄이기 1]
　　　× 3(15코)
7단: 모든 코에 짧은뜨기 1(15코)
- ❍ **마무리**

① 빼뜨기한 후 10cm 이상 실을 남기고
　자른다.
② 균등한 간격으로 아이싱의 뒤쪽에
　바느질하여 고정한다.

작은 귀(2개)

- ❍ **바늘**: 4mm ❍ **실**: 연갈색
- ❍ **뜨개 방법**

1단: 매직링 안에 짧은뜨기 4(4코)
- ❍ **마무리**

① 빼뜨기한 후 10cm 이상 실을 남기고
　자른다.
② 만들어 둔 귀의 중앙에 바느질한다.

눈

① 인형 눈을 사용한다면 도넛을 만들
　때 아이싱의 4단과 5단 사이에 미리
　붙인다.
② 3세 미만의 아이를 위한 인형을 만
　들 때는 코바늘뜨기나 자수로 눈을
　만든다.(11쪽 참조)
③ 하양 자수실로 눈 가장자리의 반 정
　도까지 선을 넣는다.

주둥이

- ❍ **바늘**: 3mm ❍ **실**: 연갈색
- ❍ **뜨개 방법**

1단: 매직링 안에 짧은뜨기 6(6코)
2단: 모든 코에 짧은뜨기 2(12코)
3단: [짧은뜨기 1, 1코에 짧은뜨기 2]
　　　× 6(18코)
4단: [2코에 짧은뜨기 1, 1코에 짧은뜨기
　　　2] × 6(24코)
5~6단: 모든 코에 짧은뜨기 1(15코)
- ❍ **마무리**

① 빼뜨기한 후 10cm 이상 실을 남기고
　자른다.
② 충전재를 채운다.
③ 검정 자수실로 코와 입을 수놓는다.
④ 도넛의 중앙에 바느질하여 고정한다.

기린

기린 친구 없이 사파리 놀이를
한다는 건 상상할 수 없는
일이에요! 그는 맛있는 나뭇잎을
찾아 더운 평원을 돌아다니는
것을 좋아해요. 귀와 얼굴에
스프링클을 더해 완성해 보세요.

준비할 재료

* **모사용 코바늘:** 3mm, 4mm
* **실:** 연갈색, 노랑, 베이지색, 진
  베이지색
* **자수실:** 진베이지색, 하양
* **인형 눈:** 2x10~14mm
* 인형 눈은 검정 실로 만들 수도 있
  다. 나사형 인형 눈은 3세 이상의
  어린이에게만 사용한다.

기린의 얼굴에 원하는 만큼
스프링클을 장식해 보세요.
다양한 색을 이용하여
장식해도 좋아요!

도넛

- ⊙ **기본 도넛**: 연갈색
- ⊙ **아이싱**: 노랑

귀(2개)

- ⊙ **바늘**: 4mm ⊙ **실**: 노랑
- ⊙ **뜨개 방법**

1단: 매직링 안에 짧은뜨기 6(6코)
2단: [짧은뜨기 2, 1코에 짧은뜨기 2] × 2(8코)
3단: 모든 코에 짧은뜨기 1(8코)
4단: [짧은뜨기 1, 1코에 짧은뜨기 2] × 4(12코)
5단: 모든 코에 짧은뜨기 1(12코)
6단: [짧은뜨기 1, 1코에 짧은뜨기 2] × 6(18코)
7~9단: 모든 코에 짧은뜨기 1(18코)
10단: 안 보이게 줄이기 9(9코)

- ⊙ **마무리**

① 빼뜨기한 후 10cm 이상 실을 남기고 자른다.
② 균등한 간격으로 아이싱의 뒤쪽에 바느질하여 고정한다.
③ 진베이지색 자수실로 스프링클을 자유롭게 수놓는다.

뿔(2개)

- ⊙ **바늘**: 3mm ⊙ **실**: 진베이지색
- ⊙ **뜨개 방법**

1단: 매직링 안에 짧은뜨기 6(6코)
2단: 모든 코에 짧은뜨기 2(12코)
3단: 모든 코에 짧은뜨기 1(12코)
4단: 안 보이게 줄이기 6(6코)
5~6단: 모든 코에 짧은뜨기 1(6코)

- ⊙ **마무리**

① 빼뜨기한 후 10cm 이상 실을 남기고 자른다.
② 충전재를 채운다.
③ 귀의 간격보다 조금 좁게 배치하여 바느질하여 고정한다.

주둥이

- ⊙ **바늘**: 4mm ⊙ **실**: 베이지색
- ⊙ **뜨개 방법**

1단: 매직링 안에 짧은뜨기 6(6코)
2단: 모든 코에 짧은뜨기 2(12코)
3단: [짧은뜨기 1, 1코에 짧은뜨기 2] × 6(18코)
4단: [짧은뜨기 2, 1코에 짧은뜨기 2] × 6(24코)
5단: [짧은뜨기 3, 1코에 짧은뜨기 2] × 6(30코)
6~8단: 모든 코에 짧은뜨기 1(30코)

- ⊙ **마무리**

① 빼뜨기한 후 10cm 이상 실을 남기고 자른다.
② 충전재를 채운다.
③ 도넛의 중앙에 바느질하여 고정한다.
④ 진베이지색 자수실로 콧구멍을 수놓는다.

눈

① 인형 눈을 사용한다면 도넛을 만들 때 아이싱의 4단과 5단 사이에 미리 붙인다.
② 3세 미만의 아이를 위한 인형을 만들 때는 코바늘뜨기나 자수로 눈을 만든다.(11쪽 참조)
③ 하양 자수실로 눈 가장자리의 반 정도까지 선을 넣는다.

해바라기

해님을 향해 웃고 있는
해바라기는 밝고 아름다워요.
키가 커서 야생화들 사이에서도
눈에 띈답니다. 그녀는 꿀벌을
끌어들이는 것을 좋아해요.

준비할 재료

* **모사용 코바늘**: 2.5mm, 4mm
* **실**: 갈색, 노랑, 검정, 하양
* **자수실**: 하양, 주황
* **인형 눈**: 2x10~14mm
* 인형 눈은 검정 실로 만들 수도 있
  다. 나사형 인형 눈은 3세 이상의
  어린이에게만 사용한다.

도넛

◑ **기본 도넛**: 갈색
◑ **아이싱**: 갈색

꽃잎(10개)

◑ **바늘**: 2.5mm   ◑ **실**: 노랑
◑ **뜨개 방법**
1단: 매직링 안에 짧은뜨기 6(6코)
2단: 모든 코에 짧은뜨기 2(12코)
3단: [짧은뜨기 1, 1코에 짧은뜨기 2]
　　　× 6(18코)
4~8단: 모든 코에 짧은뜨기 1(18코)
9단: [짧은뜨기 1, 안 보이게 줄이기 1]
　　　× 6(12코)
10~11단: 모든 코에 짧은뜨기 1(12코)
◑ **마무리**
빼뜨기한 후 10cm 이상 실을 남기고
자른다.

눈

① 인형 눈을 사용한다면 도넛을 만들
　때 아이싱의 4단과 5단 사이에 미리
　붙인다.
② 3세 미만의 아이를 위한 인형을 만
　들 때는 코바늘뜨기나 자수로 눈을
　만든다.(11쪽 참조)
③ 하양 자수실로 눈 가장자리의 반 정
　도까지 선을 넣는다.

입

자수실로 V 모양의 선을 수놓는다.

꿀벌 아플리케

몸

◑ **바늘**: 2.5mm   ◑ **실**: 노랑
◑ **뜨개 방법**
1단: 매직링 안에 짧은뜨기 6(6코)
2단: 사슬뜨기 1(사슬은 콧수 ×), 2코
　　　에 짧은뜨기 2, 2코에 긴뜨기 2,
　　　1코에 한길긴뜨기 2, 1코에 긴뜨
　　　기 2(12코)

3단: 3코에 짧은뜨기 2, 긴뜨기 1, 짧
　　　은뜨기 5(12코)
빼뜨기한 후 10cm 이상 실을 남기고
자른다.

날개

◑ **바늘**: 2.5mm   ◑ **실**: 하양
◑ **뜨개 방법**
① 꿀벌의 몸 윗부분 코에 짧은뜨기 1,
　사슬뜨기 5, 빼뜨기 1, 사슬뜨기 5
② 빼뜨기한 후 꿀벌 몸에 바느질하여
　고정한다.

줄무늬

◑ **바늘**: 2.5mm   ◑ **실**: 검정
◑ **뜨개 방법**
　같은 간격으로 선을 수놓는다.
◑ **마무리**
완성된 꿀벌을 꽃잎에 바느질하여 고정
한다.

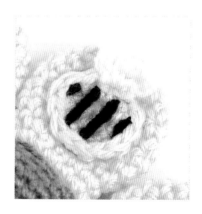

게

이 앙증맞은 동물 친구는 모래해안을 따라 기어다니며 열심히 집게발로 조개를 찾는답니다. 불가사리가 함께 있어 즐겁답니다.

준비할 재료

* **모사용 코바늘**: 3mm, 4mm
* **실**: 연주황, 주황, 파랑
* **자수실**: 검정
* **인형 눈**: 2x10~14mm
* 인형 눈은 검정 실로 만들 수도 있다. 나사형 인형 눈은 3세 이상의 어린이에게만 사용한다.

도넛

○ **기본 도넛**: 연주황
○ **아이싱**: 주황

집게손(4개)

○ **바늘**: 3mm　○ **실**: 주황
○ **뜨개 방법**
1단: 매직링 안에 짧은뜨기 4(4코)
2단: 모든 코에 짧은뜨기 2(8코)
3단: [짧은뜨기 1, 1코에 짧은뜨기 2]
　　× 4(12코)
4~6단: 모든 코에 짧은뜨기 1(12코)
– 2코만 빼뜨기하고 실을 길게 남기고
자른다.
7단: 떠 놓은 조각에 짧은뜨기 1로 연
　　결, 같은 코에 짧은뜨기 1, 모든 코
　　에 짧은뜨기 1(24코)
8단: 모든 코에 짧은뜨기 1(24코)
9단: [짧은뜨기 1, 안 보이게 줄이기 1]
　　× 8(16코)
10단: [안 보이게 줄이기 1] × 8(8코)
11~12단: 모든 코에 짧은뜨기 1(8코)

마무리

① 빼뜨기한 후 10cm 이상 실을 남기고
자른다.
② 충전재를 채운다.
③ 아이싱과 기본 도넛 사이의 중간보다
앞쪽에 배치하여 바느질한다.

눈

① 인형 눈을 사용한다면 도넛을 만들
때 아이싱의 6단과 7단 사이에 미리
붙인다.
② 3세 미만의 아이를 위한 인형을 만
들 때는 코바늘뜨기나 자수로 눈을
만든다.(11쪽 참조)

입

자수실로 V 모양의 선을 수놓는다.

다리(6개)

○ **바늘**: 3mm　○ **실**: 연주황
○ **뜨개 방법**
1단: 매직링 안에 짧은뜨기 4(4코)
2~6단: 모든 코에 짧은뜨기 1(4코)
○ **마무리**
① 빼뜨기한 후 10cm 이상 실을 남기고
자른다.
② 균등한 간격으로 도넛 양쪽에 바느질
하여 고정한다.

불가사리

불가사리를 만들어 바느질한다.(115쪽
참조)

다리와 다리 사이는
너무 넓지 않은 간격으로
바느질하세요.

해파리

다양한 색의 멋진 촉수와 귀여운 프릴로 헤엄치는 이 동물 친구는 물 속에서 즐거운 시간을 보낸답니다. 걱정하지 마세요! 그는 절대 따끔하지 않거든요!

준비할 재료

* **모사용 코바늘**: 3mm, 4mm
* **실**: 주황, 연주황, 연두, 보라, 분홍, 연파랑, 노랑, 연분홍
* **자수실**: 주황
* **인형 눈**: 2x10~14mm
* 인형 눈은 검정 실로 만들 수도 있다. 나사형 인형 눈은 3세 이상의 어린이에게만 사용한다.

도넛

○ **기본 도넛:** 주황

아이싱

○ **바늘:** 4mm   ○ **실:** 연주황
○ **뜨개 방법**
사슬뜨기 20, 첫코에 빼뜨기해서 원을
만든다.
1단: 사슬뜨기 1(1~10단 사슬은 콧수
×), [짧은뜨기 1, 1코에 짧은뜨기
2] × 10(30코)
2단: 모든 코에 짧은뜨기 1(30코)
3단: [짧은뜨기 2, 1코에 짧은뜨기 2] ×
10(40코)
4단: 모든 코에 짧은뜨기 1(40코)
5단: [짧은뜨기 3, 1코에 짧은뜨기 2] ×
10(50코)
6~8단: 모든 코에 짧은뜨기 1(50코)
9단: 안 보이게 줄이기 1, 짧은뜨기
48(49코)
10단: 사슬뜨기 1, 1코에 한길긴뜨기 5,
*1코 건너뛰기, 빼뜨기 1, 1코에
긴뜨기 5, 1코 건너뛰기, 빼뜨기
1, 1코에 한길긴뜨기 5(*에서 시
작하여 끝까지 반복)
○ **마무리**
① 빼뜨기한 후 10cm 이상 실을 남기고
자른다.
② 아이싱을 구멍에서부터 시작해서 기본
도넛 가장자리까지 바느질한다. 가장
자리를 바느질할 때 아이싱 프릴을 꿰
매지 않도록 주의한다.

굵고 긴 촉수(4개)

○ **바늘:** 3mm
○ **실:** 연두, 노랑, 분홍, 주황
○ **뜨개 방법**
① 사슬뜨기 50, 2번째 사슬에서 시작
하여 모든 코에 짧은뜨기 3(147코)
② 빼뜨기한 후 10cm 이상 실을 남기고
자른다.

굵고 짧은 촉수(2개)

○ **바늘:** 3mm
○ **실:** 보라, 연파랑
○ **뜨개 방법**
① 사슬뜨기 30(30코)
② 사슬뜨기 30, 2번째 사슬에서 시작
하여 모든 코에 짧은뜨기 3(87코)
③ 빼뜨기한 후 10cm 이상 실을 남기고
자른다.

얇고 긴 촉수(6개)

○ **바늘:** 3mm
○ **실:** 연파랑, 분홍, 주황, 노랑, 보라,
연두
○ **뜨개 방법**
① 사슬뜨기 35, 2번째 사슬에서 시작
하여 모든 코에 짧은뜨기 1(34코)
② 빼뜨기한 후 10cm 이상 실을 남기고
자른다.

마무리
촉수를 번갈아가며 배치하여 도넛 아랫
부분에 바느질하여 고정한다.

눈
① 인형 눈을 사용한다면 도넛을 만들 때
아이싱의 4단과 5단 사이에 미리 붙
인다.
② 3세 미만의 아이를 위한 인형을 만들
때는 코바늘뜨기나 자수로 눈을 만든
다.(11쪽 참조)
③ 자수 눈을 만들 경우, V 모양으로 수
놓으면 귀여운 느낌이 든다.

입
주황 자수실로 V 모양의 선을 수놓는다.

볼(2개)
○ **바늘:** 3mm   ○ **실:** 연분홍
○ **뜨개 방법**
① 매직링 안에 짧은뜨기 5, 빼뜨기(5코)
② 볼을 눈 바로 아래, 눈보다 더 간격을
넓게 바느질한다.

불가사리
원하는 색으로 불가사리를 만들어 아이
싱에 바느질하여 고정한다.(115쪽 참조)

유니콘

이 사랑스러운 유니콘은
동물 친구들에게 인기
많은 친구랍니다. 화려한
뿔, 아름답게 장식한 귀,
흐르는 갈기가 멋지거든요.
특히 머리를 흔들며 빙빙
도는 것을 좋아해요.

준비할 재료

* **모사용 코바늘**: 3mm, 4mm
* **실**: 하양, 베이지색, 노랑, 주황, 분홍, 보라, 연파랑
* **다양한 색의 자수실**
* **인형 눈**: 2x10~14mm
* 인형 눈은 검정 실로 만들 수도 있다. 나사형 인형 눈은 3세 이상의 어린이에게만 사용한다.

도넛

◑ **기본 도넛**: 하양   ◑ **아이싱**: 하양

귀(2개)

◑ **바늘**: 3mm   ◑ **실**: 하양
◑ **뜨개 방법**
1단: 매직링 안에 짧은뜨기 6(6코)
2단: [짧은뜨기 2, 1코에 짧은뜨기 2] × 2(8코)
3단: 모든 코에 짧은뜨기 1(8코)
4단: [짧은뜨기 1, 1코에 짧은뜨기 2] × 4(12코)
5단: 모든 코에 짧은뜨기 1(12코)
6단: [짧은뜨기 1, 1코에 짧은뜨기 2] × 6(18코)
7~9단: 모든 코에 짧은뜨기 1(18코)
10단: 안 보이게 줄이기 9(9코)

✪ 마무리
① 빼뜨기한 후 10cm 이상 실을 남기고 자른다.
② 균등한 간격으로 아이싱의 뒤쪽에 바느질하여 고정한다.
③ 다양한 색의 자수실로 원하는 만큼 귀에 수놓아 장식한다.

눈

① 인형 눈을 사용한다면 도넛을 만들 때 아이싱의 4단과 5단 사이에 미리 붙인다.
② 3세 미만의 아이를 위한 인형을 만들 때는 코바늘뜨기나 자수로 눈을 만든다.(11쪽 참조)
③ 검정 자수실로 눈 옆에 기울어진 선으로 수놓으면 졸린 듯한 귀여운 눈을 만들 수 있다.

뿔

✪ 바늘: 3mm
✪ 실: 보라, 분홍, 주황, 연파랑, 노랑
✪ 뜨개 방법
- 보라 실
사슬뜨기 12, 빼뜨기하여 원을 만든다.
1~2단: 사슬뜨기 1(사슬은 콧수 ×),모든 코에 짧은뜨기 1(12코)

- 분홍 실로 바꾸기
3단: [짧은뜨기 4, 안 보이게 줄이기 1] × 2(10코)
4단: 모든 코에 짧은뜨기 1(10코)
- 주황 실로 바꾸기
5단: [짧은뜨기 3, 안 보이게 줄이기 1] × 2(8코)
6단: 모든 코에 짧은뜨기 1(8코)
- 연파랑 실로 바꾸기
7단: [짧은뜨기 2, 안 보이게 줄이기 1] × 2(6코)
8단: 모든 코에 짧은뜨기 1(6코)
- 노랑 실로 바꾸기
9단: 안 보이게 줄이기 3(3코)
✪ 마무리
① 빼뜨기한 후 10cm 이상 실을 남기고 자른다.
② 충전재를 채운다.
③ 도넛의 위쪽 중앙에 바느질하여 고정한다.

주둥이

✪ 바늘: 4mm **✪ 실:** 베이지색
✪ 뜨개 방법
1단: 매직링 안에 짧은뜨기 6(6코)
2단: [짧은뜨기 3, 1코에 짧은뜨기 2, 짧은뜨기 1] × 2(12코)

3단: 짧은뜨기 1, 3코에 짧은뜨기 2, 짧은뜨기 3, 3코에 짧은뜨기 2, 짧은뜨기 2(18코)
4단: 짧은뜨기 2, [1코에 짧은뜨기 2, 짧은뜨기 1] × 2, 1코에 짧은뜨기 2, 짧은뜨기 4, [1코에 짧은뜨기 2, 짧은뜨기 1] × 2, 1코에 짧은뜨기 2, 짧은뜨기 2(24코)
5~6단: 모든 코에 짧은뜨기 1(24코)
✪ 마무리
① 빼뜨기한 후 10cm 이상 실을 남기고 자른다.
② 충전재를 채운다.
③ 도넛의 중앙에 바느질하여 고정한다.

갈기

뿔에 다양한 색의 자수실 가닥을 붙여서 긴 갈기를 만든다.(123쪽 참조)

유니콘 뿔을 하나의 색으로 만들어도 좋고, 활기찬 모습을 보여주도록 무지개색으로 만들어도 좋아요.

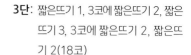

레드판다

귀와 볼, 눈썹이 인상적인 이
동물 친구는 무리 속에서 매우
돋보여요. 자수 기법을 이용해서
그의 독특함을 표현해 보세요.

준비할 재료

* **모사용 코바늘**: 2.5mm, 4mm
* **실**: 적갈색, 상아색, 검정
* **자수실**: 검정
* **인형 눈**: 2x10~14mm
* **인형 눈은 검정 실로 만들 수도 있
  다. 나사형 인형 눈은 3세 이상의
  어린이에게만 사용한다.

도넛

◘ **기본 도넛**: 적갈색   ◘ **아이싱**: 적갈색

주둥이

◘ **바늘**: 2.5mm   ◘ **실**: 상아색
◘ **뜨개 방법**
1단: 매직링 안에 짧은뜨기 6(6코)
2단: 모든 코에 짧은뜨기 2(12코)
3단: [짧은뜨기 1, 1코에 짧은뜨기 2] × 6(18코)
4단: 짧은뜨기 5, 1코에 짧은뜨기 3개, 짧은뜨기 7, 1코에 짧은뜨
기 3, 짧은뜨기 4(22코)
5~6단: 모든 코에 짧은뜨기 1(22코)

❂ 마무리

① 빼뜨기한 후 10cm 이상 실을 남기고 자른다.

② 충전재를 채운다.

③ 도넛의 중앙에 바느질하여 고정한다.

④ 자수실로 코와 입을 수놓는다.(가로 6코, 세로 3코)

귀(2개)

안쪽 귀

❂ 바늘: 2.5mm ❂ 실: 검정

❂ 뜨개 방법

① 사슬뜨기 4, 2번째 사슬에 빼뜨기, 긴뜨기 1, 한길긴뜨기 1(3코)

② 실을 남기고 자른다.

바깥쪽 귀

❂ 바늘: 2.5mm ❂ 실: 상아색

❂ 뜨개 방법

1단: 매직링 안에 짧은뜨기 6(6코)

2단: [짧은뜨기 2, 1코에 짧은뜨기 2] × 2(8코)

3단: 모든 코에 짧은뜨기 1(8코)

4단: [짧은뜨기 1, 1코에 짧은뜨기 2] × 4(12코)

5단: 모든 코에 짧은뜨기 1(12코)

6단: [짧은뜨기 1, 1코에 짧은뜨기 2] × 6(18코)

7단: 모든 코에 짧은뜨기 1(18코)

❂ 마무리

① 빼뜨기한 후 10cm 이상 실을 남기고 자른다.

② Ⓐ와 같이 진갈색 실을 이용하여 귀 가장자리에 선으로 장식한다.

③ Ⓑ, Ⓒ와 같이 귀 끝에는 선 장식을 좀 더 추가하여 반대쪽으로 젖힌다.

④ 길게 실을 남겨 도넛 아랫부분에 고정한다.

⑤ 안쪽 귀를 꿰매어 넣는다.

⑥ 균등한 간격으로 아이싱 뒤쪽에 바느질하여 고정한다.

눈

① 인형 눈을 사용한다면 도넛을 만들 때 아이싱의 4단과 5단 사이에 미리 붙인다.

② 3세 미만의 아이를 위한 인형을 만들 때는 코바늘뜨기나 자수로 눈을 만든다.(11쪽 참조)

눈썹(2개)

상아색 실로 눈 위에 가로 1코, 세로 1코를 수놓는다.

볼(2개)

Ⓓ와 같이 상아색 실로 입의 시작부터 눈썹까지의 높이로 선을 수놓는다.(가로 2코, 세로 5cm)

눈사람

앗, 추워! 찬바람을 막을
목도리와 장갑이 필요해요.
겨울 멋쟁이가 되려면 모자와
당근 코도 있어야죠!
도넛 눈사람을 자유롭게
장식해 보세요.

준비할 재료

* **모사용 코바늘**: 2.5mm, 3mm, 4mm
* **실**: 하양, 진빨강, 검정, 주황
* **자수실**: 하양
* **인형 눈**: 2x10~14mm
* 인형 눈은 검정 실로 만들 수도 있다. 나사형 인형 눈은 3세 이상의 어린이에게만 사용한다.

도넛

❶ **기본 도넛**: 하양   ❶ **아이싱**: 하양

머리

❶ **바늘**: 3mm   ❶ **실**: 하양
❶ **뜨개 방법**
1난: 매직링 안에 짧은뜨기 6(6코)
2단: 모든 코에 짧은뜨기 2(12코)
3단: [짧은뜨기 1, 1코에 짧은뜨기 2] × 6(18코)
4단: [짧은뜨기 2, 1코에 짧은뜨기 2] × 6(24코)
5단: [짧은뜨기 3, 1코에 짧은뜨기 2] × 6(30코)
6단: [짧은뜨기 4, 1코에 짧은뜨기 2] × 6(36코)
– 인형 눈을 사용할 경우에는 아이싱의 9단과 10단 사이에 달도록 한다.
7~12단: 모든 코에 짧은뜨기 2(36코)
13단: [짧은뜨기 4, 안 보이게 줄이기 1] × 6(30코)
14단: [짧은뜨기 3, 안 보이게 줄이기 1] × 6(24코)

- 충전재를 조금 채운다.
15단: [짧은뜨기 2, 안 보이게 줄이기 1]
× 6(18코)
- 충전재를 조금 더 채운다.
16단: [짧은뜨기 1, 안 보이게 줄이기 1]
× 6(12코)
17단: [안 보이게 줄이기 1] × 6(6코)
❂ **마무리**
① 빼뜨기한 후 10cm 이상 실을 남기고
자른다.
② 충전재를 채우고 도넛의 중심에 맞춰
바느질하여 고정한다.

코

❂ **바늘:** 3mm ❂ **실:** 주황
❂ **뜨개 방법**
1단: 매직링 안에 짧은뜨기 4(4코)
2단: 1코에 짧은뜨기 2, 짧은뜨기 3(5코)
3단: 1코에 짧은뜨기 2, 짧은뜨기 4(6코)
4단: 1코에 짧은뜨기 2, 짧은뜨기 5(7코)
5단: 1코에 짧은뜨기 2, 짧은뜨기 6(8코)
❂ **마무리**
① 빼뜨기한 후 10cm 이상 실을 남기고
자른다.
② 충전재를 채우고 바느질하여 고정한다.

목도리

❂ **바늘:** 3mm ❂ **실:** 진빨강
❂ **뜨개 방법**
1단: 사슬뜨기 45, 2번째 사슬에서 시작
하여 모든 코에 짧은뜨기 1, 사슬뜨
기 1(사슬은 콧수 ×), 뒤집기(44코)
2단: 모든 코에 긴뜨기 1(44코)
❂ **마무리**
① 빼뜨기한 후 10cm 이상 실을 남기고
자른다.
② 목도리 끝에 태슬을 만들고 바느질한다.

모자

❂ **바늘:** 3mm ❂ **실:** 검정
❂ **뜨개 방법**
1단: 매직링 안에 짧은뜨기 10(10코)
2단: [짧은뜨기 1, 1코에 짧은뜨기 2] 끝
까지 반복(15코)
3단: [짧은뜨기 2, 1코에 짧은뜨기 2] 끝
까지 반복(20코)
4단: [짧은뜨기 4, 1코에 짧은뜨기 2] 끝
까지 반복(24코)
5단: 모든 코에 뒷고리 이랑뜨기 1(24
코)(119쪽 참조)
6단: [짧은뜨기 4, 안 보이게 줄이기 1]
끝까지 반복(20코)
7단: [짧은뜨기 2, 안 보이게 줄이기 1]
끝까지 반복(15코)
8~9단: 모든 코에 짧은뜨기 1(15코)
10단: 모든 코에 앞고리 이랑뜨기 1(15
코)(119쪽 참조)
11단: 모든 코에 짧은뜨기 2(30코)
❂ **마무리**
① 빼뜨기한 후 10cm 이상 실을 남기고
자른다.
② 충전재를 채우고 머리에 씌워 바느질
하여 고정한다.

모자 장식

❂ **바늘:** 2.5mm ❂ **실:** 진빨강
❂ **뜨개 방법**
모자 주위를 두를 수 있을 정도의 길이로
사슬을 만들어 장식한다.

모자 눈송이 무늬

하양 자수실로 수놓는다.

단추

❂ **바늘:** 2.5mm ❂ **실:** 검정
❂ **뜨개 방법**
1단: 매직링 안에 짧은뜨기 4(4코)
❂ **마무리**
① 빼뜨기한 후 10cm 이상 실을 남기고
자른다.
② 충전재를 채운다.
③ 도넛의 몸통 가운데에 바느질한다. 실
제 단추를 달아도 좋다.

장갑, 팔(2개)

❂ **바늘:** 3mm ❂ **실:** 진빨강, 하양
❂ **뜨개 방법**
- 진빨강 실
1단: 매직링 안에 짧은뜨기 6(6코)
2단: 모든 코에 짧은뜨기 2(12코)
3~4단: 모든 코에 짧은뜨기 1(12코)
5단: 짧은뜨기 5, 방울뜨기 1(123쪽 참
조), 짧은뜨기 6(12코)
6단: [짧은뜨기 2, 안 보이게 줄이기 1]
× 3(9코)
7단: 모든 코에 앞고리 이랑뜨기 2(18
코)(119쪽 참조)
- 하양 실로 바꾸기
8단: 6단에 연결하여 모든 코에 뒷고리
이랑뜨기 1(9코)
9~14단: 모든 코에 짧은뜨기 1(9코)
❂ **마무리**
① 빼뜨기한 후 10cm 이상 실을 남기고
자른다.
② 충전재를 채우고 바느질하여 고정한다.

강아지

여기저기 뛰어다니며 커다란
귀를 마음껏 흔드는 것이
취미인 친구랍니다. 그는
친구들에게 반짝이는 새 옷과
이름표를 뽐내는 것을 좋아해요!

준비할 재료

* **모사용 코바늘**: 2.5mm, 3mm,
  4mm
* **실**: 갈색, 베이지색, 빨강, 황갈색
* **자수실**: 하양
* **인형 눈**: 2x10~14mm
* 인형 눈은 검정 실로 만들 수도 있
  다. 나사형 인형 눈은 3세 이상의
  어린이에게만 사용한다.

도넛

❶ **기본 도넛**: 갈색   ❶ **아이싱**: 베이지색

귀(2개)

❶ **바늘**: 3mm   ❶ **실**: 갈색
❶ **뜨개 방법**
1단: 매직링 안에 짧은뜨기 8(8코)
2단: 모든 코에 짧은뜨기 2(16코)
3~4단: 모든 코에 짧은뜨기 1(16코)
5단: [짧은뜨기 1, 1코에 짧은뜨기 2] × 8(24코)
6~7단: 모든 코에 짧은뜨기 1(24코)
8단: [짧은뜨기 2, 1코에 짧은뜨기 2] × 8(32코)
9~11단: 모든 코에 짧은뜨기 1(32코)
12단: [짧은뜨기 2, 안 보이게 줄이기 1] × 8(24코)
13단: 모든 코에 짧은뜨기 1(24코)
14단: [짧은뜨기 2, 안 보이게 줄이기 1] × 6(18코)

15단: 모든 코에 짧은뜨기 1(18코)

16단: [짧은뜨기 1, 안 보이게 줄이기
1] × 6(12코)

17~19단: 모든 코에 짧은뜨기 1(12코)

❍ 마무리

① 빼뜨기한 후 10cm 이상 실을 남기고
자른다.

② 충전재를 채운다.

③ 균등한 간격으로 아이싱의 뒤쪽에 바
느질하여 고정한다.(귀 안에 딸랑이
를 넣을 수도 있다.)

눈

① 인형 눈을 사용한다면 도넛을 만들
때 아이싱의 4단과 5단 사이에 미리
붙인다.

② 3세 미만의 아이를 위한 인형을 만들
때는 코바늘뜨기나 자수로 눈을 만든
다.(11쪽 참조)

③ 하양 자수실로 눈 가장자리의 반 정
도까지 선을 넣는다.

주둥이

❍ 바늘: 3mm   **❍ 실**: 베이지색

❍ 뜨개 방법

1단: 매직링 안에 짧은뜨기 6(6코)

2단: 모든 코에 짧은뜨기 2(12코)

3단: [짧은뜨기 1, 1코에 짧은뜨기 2]
× 6(18코)

4단: [짧은뜨기 2, 3코에 짧은뜨기 2,
짧은뜨기 4] × 2(24코)

5~6단: 모든 코에 짧은뜨기 1(24코)

7단: [짧은뜨기 2, 안 보이게 줄이기 1]
× 6(18코)

❍ 마무리

① 빼뜨기한 후 10cm 이상 실을 남기고
자른다.

② 충전재를 채운다.

③ 도넛의 중앙에 바느질하여 고정한다.

④ 코와 입을 수놓는다.

깃

❍ 바늘: 2.5mm   **❍ 실**: 빨강

❍ 뜨개 방법

1단: 사슬뜨기 6, 2번째 사슬에서 시작
하여 짧은뜨기 5, 뒤집기(5코)

2~16단: 사슬뜨기 1(사슬은 콧수×),
모든 코에 짧은뜨기 1, 뒤집기
(5코)

❍ 마무리

빼뜨기한 후 10cm 이상 실을 남기고 자
른다.

이름표

❍ 바늘: 2.5mm   **❍ 실**: 황갈색

❍ 뜨개 방법

1단: 매직링 안에 짧은뜨기 6(6코)

2단: 모든 코에 짧은뜨기 2(12코)

3단: [짧은뜨기 1, 1코에 짧은뜨기 2]
× 6(18코)

❍ 마무리

① 빼뜨기한 후 10cm 이상 실을 남기고
자른다.

② 이름표를 깃에 바느질한다.

③ 깃을 주둥이 아래 아이싱 뒤쪽에 바
느질하여 고정한다.

이름표를 깃에 꿰맨
다음, 도넛의 아래에
달아주면 나만의 귀여운
강아지가 된답니다.

달팽이

이 동물 친구는 같은 기본
패턴에 다른 크기의 바늘과
실을 사용하면 두 가지
크기로 만들 수 있어요.
그녀의 등에 꽃을 만들어
더하면 더욱 돋보인답니다.

준비할 재료

* **모사용 코바늘**: 3mm, 4mm
* **실**: 연갈색, 진분홍, 살구색
* **자수실**: 분홍
* **인형 눈**: 2x10~14mm
* 인형 눈은 검정 실로 만들 수도 있
  다. 나사형 인형 눈은 3세 이상의
  어린이에게만 사용한다.

원하는 만큼 꽃을
추가할 수도 있고,
꽃을 달지 않아도 좋아요.
멋진 나비넥타이를 만들어
붙여보는 건 어때요?

도넛

- ⭕ **기본 도넛**: 연갈색
- ⭕ **아이싱**: 진분홍

머리, 몸

- ⭕ **바늘**: 4mm   ⭕ **실**: 살구색
- ⭕ **뜨개 방법**

1단: 매직링 안에 짧은뜨기 6(6코)

2단: 모든 코에 짧은뜨기 2(12코)

3단: [짧은뜨기 1, 1코에 짧은뜨기 2] × 6(18코)

4단: [짧은뜨기 2, 1코에 짧은뜨기 2] × 6(24코)

5단: [짧은뜨기 3, 1코에 짧은뜨기 2] × 6(30코)

6단: [짧은뜨기 4, 1코에 짧은뜨기 2] × 6(36코)

7~ 12단: 모든 코에 짧은뜨기 1(36코)

13단: [짧은뜨기 10, 안 보이게 줄이기 1] × 3(33코)

14단: [짧은뜨기 9, 안 보이게 줄이기 1] × 3(30코)

15단: [짧은뜨기 8, 안 보이게 줄이기 1] × 3(27코)

16단: [짧은뜨기 7, 안 보이게 줄이기 1] × 3(24코)

17단: [짧은뜨기 6, 안 보이게 줄이기 1] × 3(21코)

18단: [짧은뜨기 5, 안 보이게 줄이기 1] × 3(18코)

– 머리 부분에 충전재를 채운다. 몸에는 채우지 않는다.

19단: [짧은뜨기 4, 안 보이게 줄이기 1] × 3(15코)

20~35단: 모든 코에 짧은뜨기 1(15코)

36단: [짧은뜨기 3, 안 보이게 줄이기 1] × 3(12코)

37단: 모든 코에 짧은뜨기 1(12코)

38단: [짧은뜨기 2, 안 보이게 줄이기 1] × 3(9코)

39단: 모든 코에 짧은뜨기 1(9코)

40단: [짧은뜨기 1, 안 보이게 줄이기 1] × 3(6코)

- ⭕ **마무리**

① 빼뜨기한 후 10cm 이상 실을 남기고 자른다.

② 머리와 몸을 도넛에 바느질하여 고정한다.

눈

① 인형 눈을 사용한다면 도넛을 만들 때 아이싱의 8단과 9단 사이에 미리 붙인다.

② 3세 미만의 아이를 위한 인형을 만들 때는 코바늘뜨기나 자수로 눈을 만든다.(11쪽 참조)

입, 볼

분홍 자수실로 V 모양의 입과 볼의 가로 선을 수놓는다.

더듬이(2개)

- ⭕ **바늘**: 3mm   ⭕ **실**: 진분홍
- ⭕ **뜨개 방법**

1단: 매직링 안에 짧은뜨기 4(4코)

2~4단: 모든 코에 짧은뜨기 1(4코)

- ⭕ **마무리**

① 빼뜨기한 후 10cm 이상 실을 남기고 자른다.

② 충전재를 채운다.

③ 머리 위쪽에 바느질하여 고정한다.

꽃

다양한 색으로 꽃을 만들어 장식한다.

(114쪽 참조)

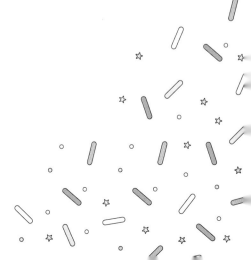

순록

불타는 빨간 코와 강한 뿔을
가진 순록은 장난감으로
가득 찬 썰매를 끌며 하늘로
올라갈 준비가 되었어요. 이
동물 친구는 최대한 하늘 높이
올라가고 싶어한답니다!

준비할 재료

* **모사용 코바늘**: 3mm, 4mm
* **실**: 연노랑, 베이지색(혼합색),
  연갈색, 빨강
* **인형 눈**: 2x10~14mm

* 인형 눈은 검정 실로 만들 수도 있
  다. 나사형 인형 눈은 3세 이상의
  어린이에게만 사용한다.

도넛

◐ **기본 도넛**: 연노랑
◐ **아이싱**: 베이지색

귀(2개)

◐ **바늘**: 4mm
◐ **실**: 베이지색
◐ **뜨개 방법**
1단: 매직링 안에 짧은뜨기 5(5코)
2단: 모든 코에 짧은뜨기 2(10코)
3단: [짧은뜨기 1, 1코에 짧은뜨기 2] × 5(15코)
4~6단: 모든 코에 짧은뜨기 1(15코)
◐ **마무리**
① 빼뜨기한 후 10cm 이상 실을 남기고 자른다.
② 균등한 간격을 두고 아이싱의 뒤쪽에 바느질하여 고정한다.

눈

① 인형 눈을 사용한다면 도넛을 만들 때 아이싱의 4단과 5단 사이에 미리 붙인다.

② 3세 미만의 아이를 위한 인형을 만들 때는 코바늘뜨기나 자수로 눈을 만든다.(11쪽 참조)

주둥이

◐ **바늘**: 4mm ◐ **실**: 베이지색

◐ **뜨개 방법**

1단: 매직링 안에 짧은뜨기 6(6코)

2단: 모든 코에 짧은뜨기 2(12코)

3단: [짧은뜨기 1, 1코에 짧은뜨기 2] × 6(18코)

4단: [짧은뜨기 2, 1코에 짧은뜨기 2] × 6(24코)

5단: [짧은뜨기 3, 1코에 짧은뜨기 2] × 6(30코)

6~7단: 모든 코에 짧은뜨기 1(30코)

◐ **마무리**

① 빼뜨기한 후 10cm 이상 실을 남기고 자른다.

② 충전재를 채운다.

③ 코를 만들어 붙인 후, 도넛 중앙에 바느질하여 고정한다.

코

◐ **바늘**: 3mm ◐ **실**: 빨강

◐ **뜨개 방법**

1단: 매직링 안에 짧은뜨기 6(6코)

2단: 모든 코에 짧은뜨기 2(12코)

3~4단: 모든 코에 짧은뜨기 1(12코)

◐ **마무리**

① 빼뜨기한 후 10cm 이상 실을 남기고 자른다.

② 충전재를 채운다.

③ 주둥이의 가운데에 바느질하여 고정한다.

큰 뿔(2개)

◐ **바늘**: 3mm ◐ **실**: 연갈색

◐ **뜨개 방법**

1단: 매직링 안에 짧은뜨기 8(8코)

2~12단: 모든 코에 짧은뜨기 1(8코)

빼뜨기한 후 10cm 이상 실을 남기고 자른다.

중간뿔(2개)

◐ **바늘**: 3mm ◐ **실**: 연갈색

◐ **뜨개 방법**

1단: 매직링 안에 짧은뜨기 6(6코)

2~4단: 모든 코에 짧은뜨기 1(6코)

빼뜨기한 후 10cm 이상 실을 남기고 자른다.

작은뿔(2개)

◐ **바늘**: 3mm ◐ **실**: 연갈색

◐ **뜨개 방법**

1단: 매직링 안에 짧은뜨기 4(4코)

2~3단: 모든 코에 짧은뜨기 1(4코)

빼뜨기한 후 10cm 이상 실을 남기고 자른다.

◐ **마무리**

① 만들어 둔 뿔에 충전재를 채운다.

③ 큰 뿔의 양쪽에 중간뿔 1개, 작은뿔 1개를 약간 어긋나게 바느질하여 고정한다.

③ 완성된 뿔을 귀보다 조금 좁게 배치하여 바느질하여 고정한다.

빨간 코든 검은 코든 상관없어요. 여러분이 원하는 자신만의 순록을 만들어 보세요!

고양이

이 행복한 작은 고양이는
귀여운 분홍 코와 귀를
가지고 있어요. 그녀는
동물 친구들과 밖에서 노는
것을 좋아하죠. 이름표를
달아주는 것도 잊지마세요!

준비할 재료

* **모사용 코바늘**: 3mm, 4mm
* **실**: 상아색, 회색, 연분홍, 살구
  색, 연보라
* **자수실**: 연분홍, 연파랑
* **인형 눈**: 2x10~14mm
* 인형 눈은 검정 실로 만들 수도 있
  다. 나사형 인형 눈은 3세 이상의
  어린이에게만 사용한다.

도넛

⊕ **기본 도넛**: 상아색 ⊕ **아이싱**: 회색

귀(2개)

⊕ **바늘**: 3mm ⊕ **실**: 회색
⊕ **뜨개 방법**
1단: 매직링 안에 짧은뜨기 6(6코)
2단: 모든 코에 짧은뜨기 1(6코)
3단: 모든 코에 짧은뜨기 2(12코)
4단: 모든 코에 짧은뜨기 1(12코)
5단: [짧은뜨기 1, 1코에 짧은뜨기 2] × 6(18코)
6단: 모든 코에 짧은뜨기 1(18코)
7단: [짧은뜨기 2, 1코에 짧은뜨기 2] × 6(24코)
8~9단: 모든 코에 짧은뜨기 1(24코)
10단: [짧은뜨기 2, 안 보이게 줄이기 1] × 6(18코)
빼뜨기한 후 10cm 이상 실을 남기고 자른다.

안쪽 귀(2개)

● **바늘**: 3mm ● **실**: 연분홍
● **뜨개 방법**
1단: 매직링 안에 짧은뜨기 6(6코)
● **마무리**
① 빼뜨기한 후 10cm 이상 실을 남기고 자른다.
② 만들어 둔 귀에 바느질한다.
③ 균등한 간격으로 아이싱의 뒤쪽에 바느질하여 고정한다.

주둥이

● **바늘**: 4mm ● **실**: 상아색
● **뜨개 방법**
1단: 매직링 안에 짧은뜨기 6(6코)
2단: 모든 코에 짧은뜨기 2(12코)
3단: [짧은뜨기 1, 1코에 짧은뜨기 2] × 6(18코)
4단: 짧은뜨기 2, 3코에 짧은뜨기 2, 짧은뜨기 6, 3코에 짧은뜨기 2, 짧은뜨기 4(24코)
5~6단: 모든 코에 짧은뜨기 1(24코)
7단: [짧은뜨기 2, 안 보이게 줄이기 1] 끝까지 반복(18코)
● **마무리**
① 빼뜨기한 후 10cm 이상 실을 남기고 자른다.

② 충전재를 채운다.
③ 도넛 중앙에 바느질하여 고정한다.

코, 입

① 연분홍 자수실로 삼각형의 코를 수놓는다.
② 코 아래에 세로선으로 입을 수놓는다.

눈

① 인형 눈을 사용한다면 도넛을 만들 때 아이싱의 4단과 5단 사이에 미리 붙인다.
② 3세 미만의 아이를 위한 인형을 만들 때는 코바늘뜨기나 자수로 눈을 만든다.(11쪽 참조)
③ 연파랑 자수실로 눈 가장자리에 선을 넣는다.

수염(6개)

수염을 붙이길 원한다면 원하는 색깔의 실을 적당한 길이로 주둥이의 양쪽에 3개씩 수놓는다.

깃

● **바늘**: 3mm ● **실**: 살구색
● **뜨개 방법**
1단: 사슬뜨기 4, 2번째 사슬에서 시작하여 짧은뜨기 3, 뒤집기(3코)
2~16단: 사슬뜨기 1(사슬은 콧수 ×), 모든 코에 짧은뜨기 1, 뒤집기(3코)
● **마무리**
빼뜨기한 후 10cm 이상 실을 남기고 자른다.

이름표

● **바늘**: 3mm ● **실**: 연보라
● **뜨개 방법**
1단: 매직링 안에 짧은뜨기 6(6코)
2단: 모든 코에 짧은뜨기 2(12코)
3단: [짧은뜨기 1, 1코에 짧은뜨기 2] × 6(18코)
● **마무리**
① 빼뜨기한 후 10cm 이상 실을 남기고 자른다.
② 이름표를 깃에 꿰맨다.
③ 깃을 주둥이 아래 아이싱 뒤쪽에 바느질하여 고정한다.

귀여운 고양이의 입 양쪽에
실 세 가닥을 엮어
수염을 붙여도 좋아요.
물론 없어도 괜찮아요.

무스

무스가 친구들과 놀 때는 늘
달리기 경주를 하지요. 이 동물
친구는 뛰어노는 것을 가장
좋아하거든요. 그는 강가에서
맛있는 나뭇잎과 가지를
씹어먹는 것도 좋아한답니다.

준비할 재료

* **모사용 코바늘**: 2.5mm, 3mm,
  4mm
* **실**: 상아색, 갈색, 베이지색
* **자수실**: 하양, 베이지색
* **인형 눈**: 2x10~14mm
* 인형 눈은 검정 실로 만들 수도 있
  다. 나사형 인형 눈은 3세 이상의
  어린이에게만 사용한다.

도넛

- **기본 도넛**: 상아색
- **아이싱**: 갈색

눈

① 인형 눈을 사용한다면 도넛을 만들 때 아이싱의 4단과 5단 사이에 미리 붙인다.

② 3세 미만의 아이를 위한 인형을 만들 때는 코바늘뜨기나 자수로 눈을 만든다.(11쪽 참조)

③ 하양 자수실로 눈 가장자리의 반 정도까지 선을 넣는다.

큰 뿔(2개)

- **바늘**: 2.5mm
- **실**: 베이지색
- **뜨개 방법**

1단: 매직링 안에 짧은뜨기 6(6코)

2단: 모든 코에 짧은뜨기 2(12코)

3단: [짧은뜨기 1, 1코에 짧은뜨기 2] × 6(18코)

4~11단: 모든 코에 짧은뜨기 1(18코)

12단: 안 보이게 줄이기 1, 짧은뜨기 6, 2코에 짧은뜨기 2, 짧은뜨기 6, 안 보이게 줄이기 1(18코)

13~21단: 12단 반복(18코)

- **마무리**

① 빼뜨기한 후 10cm 이상 실을 남기고 자른다.

② 충전재를 채운다.

중간 뿔(2개)

- **바늘**: 2.5mm
- **실**: 베이지색
- **뜨개 방법**

1단: 매직링 안에 짧은뜨기 6(6코)

2단: 모든 코에 짧은뜨기 2(12코)

3단: [짧은뜨기 5, 1코에 짧은뜨기 2] × 2(14코)

4~6단: 모든 코에 짧은뜨기 1(14코)

- **마무리**

① 빼뜨기한 후 10cm 이상 실을 남기고 자른다.

② 충전재를 채우고 큰 뿔에 고정한다.

③ 완성된 뿔을 아이싱의 뒤쪽에 바느질하여 고정한다.

귀(2개)

- **바늘**: 3mm
- **실**: 갈색
- **뜨개 방법**

1단: 매직링 안에 짧은뜨기 6(6코)

2단: [짧은뜨기 1, 1코에 짧은뜨기 2] × 3(9코)

3단: 모든 코에 짧은뜨기 1개씩(9코)

4단: [짧은뜨기 2, 1코에 짧은뜨기 2] × 3(12코)

5단: [짧은뜨기 3, 1코에 짧은뜨기 2] × 3(15코)

6~7단: 모든 코에 짧은뜨기 1(15코)

- **마무리**

① 빼뜨기한 후 10cm 이상 실을 남기고 자른다.

② 뿔 앞에 바느질하여 고정한다.

주둥이

- **바늘**: 3mm
- **실**: 갈색
- **뜨개 방법**

1단: 매직링 안에 짧은뜨기 6(6코)

2단: 모든 코에 짧은뜨기 2(12코)

3단: [짧은뜨기 1, 1코에 짧은뜨기 2] × 6(18코)

4단: [짧은뜨기 2, 1코에 짧은뜨기 2] × 6(24코)

5단: [짧은뜨기 3, 1코에 짧은뜨기 2] × 6(30코)

6~7단: 모든 코에 짧은뜨기 1(30코)

8단: [짧은뜨기 3, 안 보이게 줄이기 1] × 6(24코)

9~10단: 모든 코에 짧은뜨기 1(24코)

- **마무리**

① 빼뜨기한 후 10cm 이상 실을 남기고 자른다.

② 충전재를 채운다.

③ 베이지색 자수실로 콧구멍 선을 수놓는다.

④ 도넛 중앙에 바느질하여 고정한다.

작은 뿔에 충전재를 채워 큰 뿔에 고정한 뒤 무스에 바느질하는 것이 더 쉬워요!

개구리

개굴개굴! 이 귀여운 동물
친구는 연못가에서 노는
것을 좋아해요. 다른 색으로
몇 마리 더 만들어 연못에서
함께 어울려 놀게 해 주세요.

준비할 재료

* **모사용 코바늘**: 2.5mm, 3mm, 4mm
* **실**: 진연두, 연연두, 노랑
* **자수실**: 진회색, 연분홍
* **인형 눈**: 2x10~14mm
* 인형 눈은 검정 실로 만들 수도 있다. 나사형 인형 눈은 3세 이상의 어린이에게만 사용한다.

도넛

◑ **기본 도넛**: 진연두 ◑ **아이싱**: 연연두

눈(2개)

◑ **바늘**: 3mm ◑ **실**: 연연두

◑ **뜨개 방법**

1단: 매직링 안에 짧은뜨기 6(6코)

2단: 모든 코에 짧은뜨기 2(12코)

3단: [짧은뜨기 1, 1코에 짧은뜨기 2] × 6(18코)

4~6단: 모든 코에 짧은뜨기 1(18코)

◑ **마무리**

① 인형 눈을 사용할 경우에는 미리 붙인다.

② 3세 미만의 아이를 위한 인형을 만들 때는 코바늘뜨기나 자수로 눈을 만든다.(11쪽 참조)

③ 충전재를 채운다.

④ 균등한 간격으로 바느질한다.

⑤ 눈 아래에 자수실로 수놓는다.

입, 콧구멍

① 진회색 자수실로 아이싱의 4단과 5
단 사이에 V 모양의 선을 수놓는다.

② 입 위에 콧구멍 선을 수놓는다.

팔, 손가락(2개)

팔

◑ 바늘: 3mm   ◑ 실: 연연두

◑ 뜨개 방법

1단: 꼬리실을 길게 남기고 매직링 안에
짧은뜨기 6(6코)

2~9단: 모든 코에 짧은뜨기 1(6코)

10단: 팔을 접어 앞뒤 코를 동시에 통과
하여 짧은뜨기 3(3코)

손가락

◑ 바늘: 2.5mm   ◑ 실: 노랑

◑ 뜨개 방법

[손가락 2개]

① 사슬뜨기 4, 바늘에 실을 걸고 바늘
로부터 뒤로 2번째 사슬에 넣어 실을
빼낸다. 다시 실을 걸어 2개의 고리
를 통과한다.

② 바늘에 실을 걸고 다시 같은 코에 넣
어 실을 빼낸다. 다시 실을 걸어 4개
의 고리를 모두 통과한다.

③ 다음 사슬에 빼뜨기 1

④ 다음 사슬에 짧은뜨기 1

⑤ 팔의 10단에 짧은뜨기 1로 연결

[마지막 손가락]

위의 손가락 만들기 ①~④의 과정을 반
복한다.

◑ 마무리

① 빼뜨기한 후 10cm 이상 실을 남기
고 자른다.

② 도넛의 양쪽에 바느질하여 고정한다.

다리, 발가락(2개)

다리

◑ 바늘: 3mm   ◑ 실: 연연두

◑ 뜨개 방법

1단: 꼬리실을 길게 남기고 매직링 안에
짧은뜨기 8(8코)

2단: 모든 코에 짧은뜨기 2(16코)

3~5단: 모든 코에 짧은뜨기 1(16코)

6단: [짧은뜨기 6, 안 보이게 줄이기 1]
× 2(14코)

7단: [짧은뜨기 5, 안 보이게 줄이기 1]
× 2(12코)

8단: [짧은뜨기 4, 안 보이게 줄이기 1]
× 2(10코)

- 충전재를 가볍게 채운다.

9단: [짧은뜨기 3, 안 보이게 줄이기
1]× 2(8코)

10단: [짧은뜨기 2, 안 보이게 줄이기
1] × 2(6코)

11단: 반을 접어 앞뒤 코를 동시에 통과
하여 짧은뜨기 3(3코)

발가락

◑ 바늘: 2.5mm   ◑ 실: 노랑

◑ 뜨개 방법

[발가락 2개]

① 사슬뜨기 4, 바늘에 실을 걸고 바늘
로부터 뒤로 2번째 사슬에 넣어 실을
빼낸다. 다시 실을 걸어 2개의 고리
를 통과한다.

② 바늘에 실을 걸고 다시 같은 코에 넣
어 실을 빼낸다. 다시 실을 걸어 4개
의 고리를 모두 통과한다.

③ 다음 사슬에 빼뜨기 1

④ 다음 사슬에 짧은뜨기 1

⑤ 다리의 11단에 짧은뜨기 1로 연결

[마지막 발가락]

위의 발가락 만들기 ①~④의 과정을 반
복한다.

◑ 마무리

① 빼뜨기한 후 10cm 이상 실을 남기
고 자른다.

② 도넛의 양쪽에 바느질하여 고정한다.

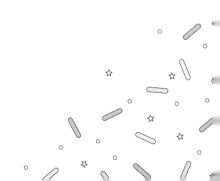

거미

이 동물 친구는 거미줄치기
능력이 대단해요. 화창한 날에
공원에서 그를 찾아보세요.
밤에 풀밭에서 친구들과 노는
모습을 찾을 수도 있을 거예요.

준비할 재료

* **모사용 코바늘**: 2.5mm, 3mm, 4mm
* **실**: 연보라, 검정, 하양
* **자수실**: 하양
* **인형 눈**: 2~6mm, 2~8mm
* 인형 눈은 검정 실로 만들 수도 있다. 나사형 인형 눈은 3세 이상의 어린이에게만 사용한다.

도넛

○ **기본 도넛**: 연보라
○ **아이싱**: 검정

거미줄

① Ⓐ와 같이 하양 자수실로 도넛을 4등분하여 선 4개를 만든다.
② Ⓑ와 같이 다시 가운데 선을 추가하여 선 8개를 만든다.
③ Ⓒ와 같이 만들어 둔 선 아래로 바늘과 실을 통과하여 둥근 원을 2개 만들고 아이싱의 뒤쪽에서 단단히 묶는다.

다리(8개)

○ **바늘**: 3mm   ○ **실**: 검정, 하양
○ **뜨개 방법**
- **검정 실**
1단: 매직링 안에 짧은뜨기 6(6코)
2~3단: 모든 코에 짧은뜨기 1(6코)
- **하양 실로 바꾸기**

4~5단: 모든 코에 짧은뜨기 1(6코)

- 검정 실로 바꾸기

6~7단: 모든 코에 짧은뜨기 1(6코)

- 하양 실로 바꾸기

8~9단: 모든 코에 짧은뜨기 1(6코)

- 검정 실로 바꾸기

10~12단: 모든 코에 짧은뜨기 1(6코)

❍ 마무리

① 빼뜨기한 후 10cm 이상 실을 남기고 자른다.

② 충전재를 가볍게 채운다.

② 균등한 간격으로 도넛에 바느질하여 고정한다.

머리, 눈

❍ 바늘: 3mm **❍ 실**: 연보라

❍ 뜨개 방법

1단: 매직링 안에 짧은뜨기 6(6코)

2단: 모든 코에 짧은뜨기 2(12코)

3단: [짧은뜨기 1, 1코에 짧은뜨기 2] × 6(18코)

4단: [짧은뜨기 2, 1코에 짧은뜨기 2] × 6(24코)

5단: [짧은뜨기 3, 1코에 짧은뜨기 2개] × 6(30코)

- 8mm 눈을 머리의 4단과 5단 사이에 붙인다.

6단: [짧은뜨기 4, 1코에 짧은뜨기 2] × 6(36코)

7~12단: 모든 코에 짧은뜨기 1(36코)

- 6mm 눈을 머리의 6단과 7단 사이에 붙인다.

13단: [짧은뜨기 4, 안 보이게 줄이기 1] × 6(30코)

14단: [짧은뜨기 3, 안 보이게 줄이기 1] × 6(24코)

- 충전재를 충분히 채운다.

15단: [짧은뜨기 2, 안 보이게 줄이기 1] × 6(18코)

- 충전재를 조금 더 채운다.

16단: [짧은뜨기 1, 안 보이게 줄이기 1] × 6(12코)

17단: [안 보이게 줄이기 1] × 6(6코)

❍ 마무리

① 빼뜨기한 후 10cm 이상 실을 남기고 자른다.

② 도넛 중심에 맞춰 바느질하여 고정한다.

송곳니(2개)

❍ 바늘: 2.5mm **❍ 실**: 검정

❍ 뜨개 방법

1단: 매직링 안에 짧은뜨기 4(4코)

2~4단: 모든 코에 짧은뜨기 1(4코)

❍ 마무리

① 빼뜨기한 후 10cm 이상 실을 남기고 자른다.

② 눈 바로 아래에 바느질하여 고정한다.

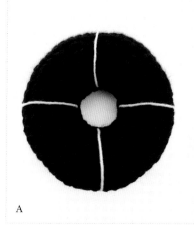

A

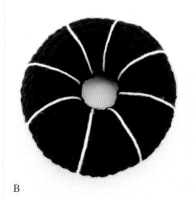

B

C

스테고사우루스

이 고대의 동물 친구는 다른 공룡 친구들과 함께 나무 사이를 돌아다니는 것을 좋아해요. 선명한 색을 사용해서 어디에 있어도 돋보인답니다.

준비할 재료

* **모사용 코바늘**: 2.5mm, 3mm, 4mm
* **실**: 연겨자색, 파랑, 주황
* **자수실**: 하양
* **인형 눈**: 2x10~14mm
* 인형 눈은 검정 실로 만들 수도 있다. 나사형 인형 눈은 3세 이상의 어린이에게만 사용한다.

도넛

⊕ **기본 도넛**: 연두 　⊕ **아이싱**: 파랑
⊕ **스프링클**: 하양

머리, 눈

⊕ **바늘**: 3mm
⊕ **실**: 연겨자색
⊕ **뜨개 방법**
1단: 매직링 안에 짧은뜨기 6(6코)
2단: 모든 코에 짧은뜨기 2(12코)
3단: [짧은뜨기 1, 1코에 짧은뜨기 2] × 6(18코)
4단: [짧은뜨기 2, 1코에 짧은뜨기 2] × 6(24코)
5단: [짧은뜨기 3, 1코에 짧은뜨기 2] × 6(30코)
– 눈을 머리의 7단과 8단 사이에 붙인다.
6~10단: 모든 코에 짧은뜨기 1(30코)
11단: [짧은뜨기 3, 안 보이게 줄이기 1] × 6(24코)
12단: [짧은뜨기 2, 안 보이게 줄이기 1] × 6(18코)
13단: 모든 코에 짧은뜨기 1(18코)

14단: [짧은뜨기 1, 안 보이게 줄이기 1], 끝까지 반복(12코)

🔘 **마무리**

① 빼뜨기한 후 10cm 이상 실을 남기고 자른다.

② 도넛의 중심에 맞춰 바느질하여 고정한다.

등 스파이크(6개)

🔘 **바늘**: 2.5mm   🔘 **실**: 주황

🔘 **뜨개 방법**

1단: 매직링 안에 짧은뜨기 6(6코)

2단: [짧은뜨기 2, 1코에 짧은뜨기 2] × 2(8코)

3단: [짧은뜨기 3, 1코에 짧은뜨기 2] × 2(10코)

4단: [짧은뜨기 4, 1코에 짧은뜨기 2] × 2(12코)

5단: [짧은뜨기 5, 1코에 짧은뜨기 2] × 2(14코)

🔘 **마무리**

① 빼뜨기한 후 10cm 이상 실을 남기고 자른다.

② 도넛에 두 줄로 엇갈리게 바느질하여 고정한다.

꼬리

🔘 **바늘**: 2.5mm   🔘 **실**: 연겨자색

🔘 **뜨개 방법**

1단: 매직링 안에 짧은뜨기 6(6코)

2단: 모든 코에 짧은뜨기 1(6코)

3단: 짧은뜨기 3, 1코에 짧은뜨기 2, 짧은뜨기 2(7코)

4단: 모든 코에 짧은뜨기 1(7코)

5단: 짧은뜨기 3, 1코에 짧은뜨기 2, 짧은뜨기 3(8코)

6단: 모든 코에 짧은뜨기 1(8코)

7단: 짧은뜨기 3, 1코에 짧은뜨기 2, 짧은뜨기 4(9코)

8단: 모든 코에 짧은뜨기 1(9코)

9단: 짧은뜨기 3, 1코에 짧은뜨기 2, 짧은뜨기 5(10코)

10단: 짧은뜨기 3, 1코에 짧은뜨기 2, 짧은뜨기 6(11코)

11단: 짧은뜨기 3, 1코에 짧은뜨기 2, 짧은뜨기 7(12코)

12단: 짧은뜨기 3, 1코에 짧은뜨기 2, 짧은뜨기 8(13코)

🔘 **마무리**

① 빼뜨기한 후 10cm 이상 실을 남기고 자른다.

② 머리 반대쪽에 바느질하여 고정한다.

꼬리 스파이크(2개)

🔘 **바늘**: 2.5mm   🔘 **실**: 주황

🔘 **뜨개 방법**

1단: 매직링 안에 짧은뜨기 6(6코)

2단: 모든 코에 짧은뜨기 1(6코)

🔘 **마무리**

① 빼뜨기한 후 10cm 이상 실을 남기고 자른다.

② 꼬리의 뒷부분에 바느질한다.

다리(2개)

🔘 **바늘**: 2.5mm

🔘 **실**: 연겨자색, 파랑, 주황

🔘 **뜨개 방법**

- 파랑 실

1단: 매직링 안에 짧은뜨기 6(6코)

2단: 모든 코에 짧은뜨기 2(12코)

3단: [짧은뜨기 1, 1코에 짧은뜨기 2] × 6(18코)

- 주황 실로 바꾸기

4단: 모든 코에 뒷고리 이랑뜨기 1(18코)(119쪽 참조)

- 연겨자색 실로 바꾸기

5단: 모든 코에 짧은뜨기 1(18코)

6단: [짧은뜨기 1, 안 보이게 줄이기 1] × 6(12코)

7~8단: 모든 코에 짧은뜨기 1(12코)

🔘 **마무리**

① 빼뜨기한 후 10cm 이상 실을 남기고 자른다.

② 충전재를 채운다.

③ 머리와 꼬리에 가깝게 하나씩 바느질하여 고정한다.

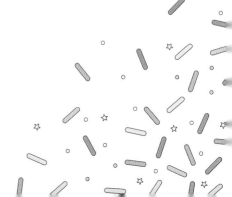

별

반짝반짝 작은별!
이 반짝이는 친구는 어떻게
생겼을까요? 별 친구는
늘 밤에 깨어 있지요.
한밤의 놀이 시간을 기대하면서
낮 시간을 보낸답니다.

준비할 재료

* **모사용 코바늘**: 3mm, 4mm
* **실**: 노랑, 연분홍
* **자수실**: 분홍
* **인형 눈**: 2x10~14mm
* 인형 눈은 검정 실로 만들 수도 있
  다. 나사형 인형 눈은 3세 이상의
  어린이에게만 사용한다.

기본 도넛에 별의 삼각형을
연결하기 전에 바느질할
곳을 미리 표시해 두면
작업하기 좋아요.

도넛

- ➡ **기본 도넛**: 노랑
- ➡ **아이싱**: 노랑

큰 삼각형(3개)

- ➡ **바늘**: 3mm
- ➡ **실**: 노랑
- ➡ **뜨개 방법**

1단: 매직링 안에 짧은뜨기 6(6코)
2단: [짧은뜨기 1, 1코에 짧은뜨기 2] × 3(9코)
3단: 모든 코에 짧은뜨기 1(9코)
4단: [짧은뜨기 2, 1코에 짧은뜨기 2] × 3(12코)
5단: [짧은뜨기 1, 1코에 짧은뜨기 2] × 6(18코)
6단: 모든 코에 짧은뜨기 1(18코)
7단: [짧은뜨기 2, 1코에 짧은뜨기 2] × 6(24코)
8단: 모든 코에 짧은뜨기 1(24코)
9단: [짧은뜨기 3, 1코에 짧은뜨기 2] × 6(30코)
10단: 모든 코에 짧은뜨기 1(30코)

- ➡ **마무리**

① 빼뜨기한 후 10cm 이상 실을 남기고 자른다.
② 충전재를 채운다.

작은 삼각형(2개)

- ➡ **바늘**: 3mm
- ➡ **실**: 노랑
- ➡ **뜨개 방법**

1단: 매직링 안에 짧은뜨기 6(6코)
2단: [짧은뜨기 1, 1코에 짧은뜨기 2] × 3(9코)
3단: 모든 코에 짧은뜨기 1(9코)
4단: [짧은뜨기 2, 1코에 짧은뜨기 2] × 3(12코)
5단: [짧은뜨기 1, 1코에 짧은뜨기 2] × 6(18코)
6단: 모든 코에 짧은뜨기 1(18코)
7단: [짧은뜨기 2, 1코에 짧은뜨기 2] × 6(24코)
8단: 모든 코에 짧은뜨기 1(24코)

- ➡ **마무리**

① 빼뜨기한 후 10cm 이상 실을 남기고 자른다.
② 충전재를 채운다.
③ 큰 삼각형을 꼭대기에 먼저 배치하고, 나머지 위치를 잡아 바느질한다. 미리 연결할 지점을 표시해 두는 것이 좋다.

눈

① 인형 눈을 사용한다면 도넛을 만들 때 아이싱의 4단과 5단 사이에 미리 붙인다.
② 3세 미만의 아이를 위한 인형을 만들 때는 코바늘뜨기나 자수로 눈을 만든다.(11쪽 참조)

볼(2개)

- ➡ **바늘**: 3mm
- ➡ **실**: 연분홍
- ➡ **뜨개 방법**

1단: 매직링 안에 짧은뜨기 4(4코)
① 빼뜨기한 후 10cm 이상 실을 남기고 자른다.
② 눈 아래에 바느질한다.

입

분홍 자수실로 눈 아래 중앙에 V 모양으로 수놓는다.

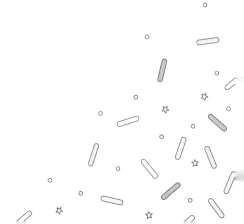

코뿔소

빛나는 뾰족한 뿔을 가진
이 친구는 책임지는 것을
두려워하지 않아요. 뜨거운
태양 아래에서 맛있는
나뭇잎을 우적우적 씹어 먹는
모습이 믿음직하답니다.

준비할 재료

* 모사용 코바늘:
  2.5mm, 3mm, 4mm
* 실: 연회색, 진회색, 하양, 연분홍
* 자수실: 하양
* 인형 눈: 2x10~14mm
* 인형 눈은 검정 실로 만들 수도 있
  다. 나사형 인형 눈은 3세 이상의
  어린이에게만 사용한다.

도넛

◑ 기본 도넛: 연회색　◑ 아이싱: 진회색

안쪽 귀(2개)

◑ 바늘: 2.5mm　◑ 실: 연분홍
◑ 뜨개 방법
1단: 매직링 안에 짧은뜨기 6(6코)
2단: 모든 코에 짧은뜨기 2(12코)
빼뜨기한 후 10cm 이상 실을 남기고 자른다.

바깥쪽 귀(2개)

◑ 바늘: 2.5mm　◑ 실: 진회색
◑ 뜨개 방법
1단: 매직링 안에 짧은뜨기 6(6코)
2단: 모든 코에 짧은뜨기 2(12코)

3단: [짧은뜨기 1, 1코에 짧은뜨기 2] ×
6(18코)

◐ 마무리

① 빼뜨기한 후 10cm 이상 실을 남기고
자른다.

② 만들어 둔 안쪽 귀를 바느질한다.

③ 귀를 반으로 살짝 접어 구부린 후 아
랫부분에 3코 정도를 꿰맨어 모양을
잡는다.

④ 균등한 간격으로 아이싱의 뒤쪽에 바
느질하여 고정한다.

주둥이

◐ 바늘: 3mm   **◐ 실:** 진회색

◐ 뜨개 방법

1단: 매직링 안에 짧은뜨기 6(6코)

2단: 모든 코에 짧은뜨기 2(12코)

3단: [짧은뜨기 1, 1코에 짧은뜨기 2] ×
6(18코)

4단: 모든 코에 짧은뜨기 1(18코)

5단: [짧은뜨기 2, 1코에 짧은뜨기 2] ×
6(24코)

6~7단: 모든 코에 짧은뜨기 1(24코)

8단: [짧은뜨기 2, 안 보이게 줄이기 1]
× 6(18코)

빼뜨기한 후 10cm 이상 실을 남기고 자
른다.

큰 뿔

◐ 바늘: 3mm   **◐ 실:** 하양

◐ 뜨개 방법

1단: 매직링 안에 짧은뜨기 4(4코)

2단: [짧은뜨기 1, 1코에 짧은뜨기 2] ×
2(6코)

3단: [짧은뜨기 2, 1코에 짧은뜨기 2] ×
2(8코)

4단: [짧은뜨기 3, 1코에 짧은뜨기 2] ×
2(10코)

5단: [짧은뜨기 4, 1코에 짧은뜨기 2] ×
2(12코)

6단: [짧은뜨기 5, 1코에 짧은뜨기 2] ×
2(14코)

빼뜨기한 후 10cm 이상 실을 남기고 자
른다.

작은 뿔

◐ 바늘: 3mm   **◐ 실:** 하양

◐ 뜨개 방법

1단: 매직링 안에 짧은뜨기 4(4코)

2단: [짧은뜨기 1, 1코에 짧은뜨기 2] ×
2(6코)

3단: 모든 코에 짧은뜨기 1(6코)

빼뜨기한 후 10cm 이상 실을 남기고 자
른다.

◐ 마무리

① 만들어 둔 뿔과 주둥이에 모두 충전
재를 채운다.

② 주둥이에 작은 뿔과 큰 뿔을 바느질
하여 고정한다. 큰 뿔을 앞쪽에 배치
한다.

③ 완성된 주둥이를 도넛 중앙에 바느질
하여 고정한다.

눈

① 인형 눈을 사용한다면 도넛을 만들
때 아이싱의 4단과 5단 사이에 미리
붙인다.

② 3세 미만의 아이를 위한 인형을 만들
때는 코바늘뜨기나 자수로 눈을 만든
다.(11쪽 참조)

③ 하양 자수실로 눈 가장자리의 반 정
도까지 선을 넣는다.

먼저 뿔을 주둥이에 붙이고
주둥이를 도넛의 몸에
바느질하는 것이 편해요.

돼지

꿀꿀! 이 다정한 동물 친구는
농장 마당에서 친구들과
뒹굴며 진흙탕 속에서 노는
것을 좋아해요. 소, 말, 닭과
함께 늘 즐겁게 지낸답니다.

준비할 재료

* **모사용 코바늘**: 3mm, 4mm
* **실**: 연분홍, 분홍, 진분홍
* **자수실**: 진분홍, 하양
* **인형 눈**: 2x10~14mm
* **인형 눈**은 김징 실로 반늘 수도 있
  다. 나사형 인형 눈은 3세 이상의
  어린이에게만 사용한다.

귀 위쪽이나 턱에
나비넥타이를 달거나,
여러 색의 꽃을 만들어
달아도 좋아요.
여러분이 원하는 대로!

도넛

◆ **기본 도넛**: 분홍
◆ **아이싱**: 연분홍

귀(2개)

◆ **바늘**: 3mm ◆ **실**: 연분홍
◆ **뜨개 방법**
1단: 매직링 안에 짧은뜨기 6(6코)
2단: [짧은뜨기 1, 1코에 짧은뜨기 2]
   × 3(9코)
3단: 모든 코에 짧은뜨기 1(9코)
4단: [짧은뜨기 2, 1코에 짧은뜨기 2]
   × 3(12코)
5단: 모든 코에 짧은뜨기 1(12코)
6단: [짧은뜨기 3, 1코에 짧은뜨기 2]
   × 3(15코)
7단: [짧은뜨기 4, 1코에 짧은뜨기 2]
   × 3(18코)
8~9단: 모든 코에 짧은뜨기 1(18코)
10단: 귀를 접어 앞뒤 코를 동시에 통
   과하여 끝까지 빼뜨기

◆ 마무리

① 빼뜨기한 후 10cm 이상 실을 남기
   고 자른다.
② 균등한 간격으로 아이싱의 뒤쪽에
   바느질하여 고정한다.

코

◆ **바늘**: 3mm ◆ **실**: 연분홍
◆ **뜨개 방법**
1단: 매직링 안에 짧은뜨기 6(6코)
2단: [1코에 짧은뜨기 3, 짧은뜨기 2]
   × 2(10코)
3단: [짧은뜨기 1, 1코에 짧은뜨기 2]
   × 5(15코)
4단: 짧은뜨기 2, 1코에 짧은뜨기 2,
   1코에 짧은뜨기 3, 짧은뜨기 5,
   1코에 짧은뜨기 3, 1코에 짧은뜨
   기 2, 짧은뜨기 4(21코)
5단: 모든 코에 뒷고리 이랑뜨기 1(21
   코)(119쪽 참조)
6단: 모든 코에 짧은뜨기 1(21코)

◆ 마무리

① 빼뜨기한 후 10cm 이상 실을 남기
   고 자른다.
② 충전재를 채운다.
③ 도넛의 중앙에 바느질하여 고정한
   다.
④ 자수실로 콧구멍 선을 수놓는다.

눈

① 인형 눈을 사용한다면 도넛을 만들
   때 아이싱의 4단과 5단 사이에 미
   리 붙인다.
② 3세 미만의 아이를 위한 인형을 만
   들 때는 코바늘뜨기나 자수로 눈을
   만든다.(11쪽 참조)
③ 하양 자수실로 눈 가장자리의 반 정
   도까지 선을 넣는다.

리본

진분홍 실로 리본을 만들어 귀 앞에 바
느질한다.(115쪽 참조)

칠면조

칠면조는 정말 매력적인
친구랍니다. 아름다운 깃털과
화려한 색의 가슴으로
가을을 맞이할 준비를 하지요.
동물 친구들에게 찬란한
색을 뽐내고 있어요!

준비할 재료

* **모사용 코바늘**: 2.5mm, 3mm,
  4mm
* **실**: 연갈색, 갈색, 노랑, 베이지
  색, 빨강, 주황
* **자수실**: 하양, 여파랑, 파랑, 진
  파랑
* **인형 눈**: 2x10~14mm
* 인형 눈은 검정 실로 만들 수도 있
  다. 나사형 인형 눈은 3세 이상의
  어린이에게만 사용한다.

도넛

❂ **기본 도넛**: 연갈색   ❂ **아이싱**: 연갈색

깃털

❂ **바늘**: 4mm   ❂ **실**: 베이지색, 주황, 갈색
❂ **뜨개 방법**
- 베이지색 실
1단: 사슬뜨기 26, 2번째 사슬에서 시작하여 모든 코에 긴뜨기 1, 뒤집기
　　(25코)
2단: 사슬뜨기 1(2~4단 사슬은 콧수 ×), [1코에 긴뜨기 2, 긴뜨기 3] × 6,
　　긴뜨기 2, 뒤집기(32코)
- 주황 실로 바꾸기
3단: 사슬뜨기 1, [1코에 긴뜨기 2, 긴뜨기 3] × 8(40코)
4단: 사슬뜨기 1, 모든 코에 짧은뜨기 1, 뒤집기(40코)
- 갈색으로 바꾸기
5단: 모든 코에 긴뜨기 1(40코)

깃털 프릴

◑ **바늘**: 4mm

◑ **실**: 베이지색, 빨강 혼합

◑ **뜨개 방법**

1단: 깃털의 코에 연결하여 사슬뜨기 1,
조개뜨기 19(123쪽 참조)

◑ **마무리**

① 빼뜨기한 후 10cm 이상 실을 남기고
자른다.

② 프릴이 도넛의 위로 약간 올라가도록
바느질한다.

눈

① 인형 눈을 사용한다면 도넛을 만들 때
아이싱의 4단과 5단 사이에 미리 붙인
다.

② 3세 미만의 아이를 위한 인형을 만들
때는 코바늘뜨기나 자수로 눈을 만든
다.(11쪽 참조)

③ 하양 자수실로 눈 가장자리의 반 정도
까지 선을 넣는다.

부리

◑ **바늘**: 3mm   ◑ **실**: 노랑

◑ **뜨개 방법**

1단: 매직링 안에 짧은뜨기 6(6코)

2단: [짧은뜨기 1, 1코에 짧은뜨기 2] ×
3(9코)

3~4단: 모든 코에 짧은뜨기 1(9코)

◑ **마무리**

① 빼뜨기한 후 10cm 이상 실을 남기고
자른다.

② 충전재를 채운다.

③ 도넛의 중앙에 바느질하여 고정한다.

스누드 장식(2개)

◑ **바늘**: 3mm   ◑ **실**: 빨강

◑ **뜨개 방법**

1단: 매직링 안에 짧은뜨기 4(4코)

2~4단: 모든 코에 짧은뜨기 1(4코)

◑ **마무리**

① 빼뜨기한 후 10cm 이상 실을 남기고
자른다.

② 충전재를 채운다.

③ 부리의 아래쪽 도넛 구멍에 바느질하
여 고정한다.

발가락(4개)

◑ **바늘**: 2.5mm   ◑ **실**: 노랑

◑ **뜨개 방법**

1단: 매직링 안에 짧은뜨기 6(6코)

2단: [짧은뜨기 1, 1코에 짧은뜨기 2] ×
3(9코)

3~5단: 모든 코에 짧은뜨기 1(9코)

– 발가락 2개를 만든 후 연결해 발을 뜬
다.

6단: 연결할 두 발가락의 양쪽 코를 한번
에 통과하여 짧은뜨기 3, 짧은뜨기
12(12코, 연결한 코는 콧수 ×)

7~8단: 모든 코에 짧은뜨기 1(12코)

마무리

① 빼뜨기한 후 10cm 이상 실을 남기고
자른다.

② 충전재를 채운다.

③ 도넛에 바느질하여 고정한다.

날개(2개)

◑ **바늘**: 4mm

◑ **실**: 베이지색, 빨강 혼합

◑ **뜨개 방법**

1단: 매직링 안에 짧은뜨기 6(6코)

2단: 모든 코에 짧은뜨기 2(12코)

3단: [짧은뜨기 1, 1코에 짧은뜨기 2]×
6(18코)

4단: 짧은뜨기 6, 사슬뜨기 5,
짧은뜨기 1, 사슬뜨기 10,
짧은뜨기 1, 사슬뜨기 15,
짧은뜨기 1, 사슬뜨기 10,
짧은뜨기 1, 사슬뜨기 5,
짧은뜨기 1, 사슬뜨기 7

◑ **마무리**

① 빼뜨기한 후 10cm 이상 실을 남기고
자른다.

② 도넛의 양쪽에 바느질한다.

③ 몸 앞부분에 사진과 같이 연파랑, 파
랑, 진파랑 자수실을 수놓아 장식한다.

도넛 위에 수를 한 코씩
건너서 놓으세요. 색을 바꿀
때도 한 줄을 건너뛰고
수놓는 것이 예뻐요.

무당벌레

하나, 둘, 셋, 넷!
무당벌레는 점을 세는 것은
좋아해요. 곤충 친구들과
정원에서 노는 것도 좋아하죠.
색을 자유롭게 배열해서
다양하게 만들어 보세요.

준비할 재료

* **모사용 코바늘**: 3mm, 4mm

* **실**: 검정, 빨강

원하는 만큼 더 많은
점을 넣어도 재미있어요.
다양한 색의 점을 넣어도
새로운 경험이 될 거예요!

도넛

○ **기본 도넛**: 검정
○ **아이싱**: 빨강

중심선(2개)

○ **바늘**: 3mm
○ **실**: 검정
○ **뜨개 방법**
① 사슬뜨기 13
② 도넛의 바깥쪽에 있는 아이싱의 끝에서
　부터 중심으로 바느질한다.

점(6개)

○ **바늘**: 3mm
○ **실**: 검정
○ **뜨개 방법**
1단: 매직링 안에 짧은뜨기 6(6코)
○ **마무리**
① 빼뜨기한 후 10cm 이상 실을 남기고
　자른다.
② 중심선을 기준으로 3개씩 적당한 간
　격에 배치해 바느질한다.

머리

○ **바늘**: 3mm
○ **실**: 검정
○ **뜨개 방법**
1단: 매직링 안에 짧은뜨기 6(6코)
2단: 모든 코에 짧은뜨기 2(12코)
3단: [짧은뜨기 1, 1코에 짧은뜨기 2] ×
　6(18코)
4단: [짧은뜨기 2, 1코에 짧은뜨기 2] ×
　6(24코)
5단: 모든 코에 짧은뜨기 1(24코)
6~7단: 모든 코에 짧은뜨기 1(24코)
○ **마무리**
① 빼뜨기한 후 10cm 이상 실을 남기고
　자른다.
② 충전재를 채운다.
③ 아이싱과 기본 도넛에 반씩 걸쳐 바느
　질하여 고정한다. 머리 부분이 납작
　해지지 않도록 주의하며 바느질한다.

더듬이(2개)

○ **바늘**: 3mm
○ **실**: 검정
○ **뜨개 방법**
1단: 사슬뜨기 6, 2번째 사슬에서 시작
　하여 긴뜨기 1, 공 모양이 되도록
　빼뜨기한다.
○ **마무리**
① 빼뜨기한 후 10cm 이상 실을 남기고
　자른다.
② 균등한 간격으로 바느질하여 고정한다.

코알라

코알라는 유칼립투스 잎을 먹는
꿈을 꾸며 하루 종일 자는 것을
좋아해요. 껴안고 싶은 이 동물
친구와 함께 낮잠을 즐긴다면,
그의 귀가 얼마나 부드럽고
포근한지 알게 될 거예요.

준비할 재료

* **모사용 코바늘**: 3mm, 4mm
* **실**: 회색, 검정, 하양(루프얀)
* **자수실**: 하양
* **인형 눈**: 2x10~14mm
* **인형 눈은 검정 실로 만들 수도 있
  다. 나사형 인형 눈은 3세 이상의
  어린이에게만 사용한다.

도넛

- **기본 도넛**: 회색
- **아이싱**: 회색

귀(2개)

- **바늘**: 4mm
- **실**: 회색, 하양(루프얀)
- **뜨개 방법**

-하양 실

1단: 매직링 안에 짧은뜨기 6(6코)

2단: 모든 코에 짧은뜨기 2(12코)

3단: [짧은뜨기 1, 1코에 짧은뜨기 2] × 6(18코)

4단: [짧은뜨기 2, 1코에 짧은뜨기 2] × 6(24코)

5~8단: 모든 코에 짧은뜨기 1(24코)

9단: [짧은뜨기 2, 안 보이게 줄이기 1], 끝까지 반복(18코)

빼뜨기한 후 10cm 이상 실을 남기고 자른다.

-하양 실로 바꾸기

10단: Ⓐ와 같이 귀를 반으로 접는다, Ⓑ, Ⓒ와 같이 바늘을 귀의 뒷면까지 통과하여 사슬뜨기 1, Ⓓ와 같이 [짧은뜨기 1, 사슬뜨기 2] × 끝까지 반복

안쪽 귀(2개)

- **바늘**: 3mm **실**: 하양(루프얀)
- **뜨개 방법**

1단: 매직링 안에 짧은뜨기 3(3코)

2단: 모든 코에 짧은뜨기 2(6코)

3단: [짧은뜨기 1, 1코에 짧은뜨기 2] × 3(9코)

빼뜨기한 후 10cm 이상 실을 남기고 자른다.

마무리

① 만들어 둔 귀 중앙에 바느질한다.

③ 완성한 귀를 균등한 간격으로 아이싱 뒤쪽에 바느질하여 고정한다.

눈

① 인형 눈을 사용한다면 도넛을 만들 때 아이싱의 4단과 5단 사이에 미리 붙인다.

② 3세 미만의 아이를 위한 인형을 만들 때는 코바늘뜨기나 자수로 눈을 만든다.(11쪽 참조)

③ 하양 자수실로 눈 가장자리의 반 정도까지 선을 더한다.

코

- **바늘**: 3mm **실**: 검정
- **뜨개 방법**

1단: 사슬뜨기 5, 2번째 사슬에 짧은뜨기 2, 짧은뜨기 2, 1코에 짧은뜨기 5, 사슬 반대쪽 고리에 짧은뜨기 3(12코)

2단: 3코에 짧은뜨기 2, [짧은뜨기 2, 1코에 짧은뜨기 2] × 3(18코)

3~4단: 모든 코에 짧은뜨기 1(18코)

마무리

① 빼뜨기한 후 10cm 이상 실을 남기고 자른다.

② 충전재를 채운다.

③ 도넛의 중앙에 바느질하여 고정한다.

A

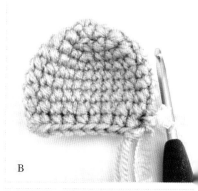

B

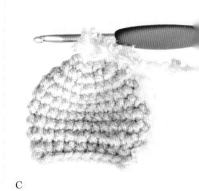

C

D

호박

이 친구는 계절의 변화를 매우 좋아하고, 특히 가을을 기대한답니다. 그는 특히 할로윈 밤에 모든 집에 초대될 만큼 인기가 많답니다!

준비할 재료

* **모사용 코바늘**: 3mm, 4mm
* **실**: 주황, 갈색, 연연두, 연분홍
* **자수실**: 하양, 주황, 진분홍
* **인형 눈**: 2x10~14mm
* 인형 눈은 검정 실로 만들 수도 있다. 나사형 인형 눈은 3세 이상의 어린이에게만 사용한다.

잎사귀를 붙일 때는 약간 겹치게 달아야 보기 좋아요. 다양한 가을 잎의 색을 표현해 보세요.

도넛

- ➊ **기본 도넛**: 주황
- ➊ **아이싱**: 주황

선

- ➊ **바늘**: 돗바늘 ➊ **실**: 주황
- ➊ **뜨개 방법**
① 도넛을 5등분한 지점에, 아이싱 쪽에서 도넛의 구멍을 통과하며 뒤쪽으로 바늘을 넣는다.
② 단단하게 잡아당긴 후 도넛을 감싸며 같은 곳으로 다시 바늘을 넣는다.
③ 5개 부분으로 나눠지도록 단단히 잡아당기며 작업하여 마무리한다.

눈

① 인형 눈을 사용한다면 도넛을 만들 때 아이싱의 6단과 7단 사이에 미리 붙인다.
② 3세 미만의 아이를 위한 인형을 만들 때는 코바늘뜨기나 자수로 눈을 만든다.(11쪽 참조)
③ 하양 자수실로 눈 가장자리의 반 정도까지 선을 넣는다.

입

진분홍 자수실로 V 모양의 선을 눈 아래 중앙에 수놓는다.

줄기

- ➊ **바늘**: 3mm ➊ **실**: 갈색
- ➊ **뜨개 방법**
1단: 매직링 안에 짧은뜨기 6(6코)
2단: 모든 코에 짧은뜨기 2(12코)
- ➊ **마무리**
① 빼뜨기한 후 10cm 이상 실을 남기고 자른다.
② 아이싱의 뒤쪽에 바느질하여 고정한다.

잎(2개)

- ➊ **바늘**: 3mm ➊ **실**: 연연두
- ➊ **뜨개 방법**
1단: 매직링 만들기, 사슬뜨기 2, 매직링 안에 한길긴뜨기 6, 사슬뜨기 3, 3번째 사슬에 빼뜨기, 매직링 안에 한길긴뜨기 6, 사슬뜨기 2, 처음에 뜬 사슬의 2번째 사슬에 빼뜨기한다.

마무리

① 빼뜨기한 후 10cm 이상 실을 남기고 자른다.
② 서로 겹쳐 장식한다.

말린 덩굴손

- ➊ **바늘**: 3mm ➊ **실**: 갈색
- ➊ **뜨개 방법**
1단: 사슬뜨기 16, 2번째 사슬에서 시작하여 모든 코에 짧은뜨기 3
- ➊ **마무리**
① 빼뜨기한 후 10cm 이상 실을 남기고 자른다.
② 잎의 뒤쪽에 바느질한다.

볼(2개)

- ➊ **바늘**: 3mm ➊ **실**: 연분홍
- ➊ **뜨개 방법**
1단: 매직링 안에 짧은뜨기 5(5코)
① 빼뜨기한 후 10cm 이상 실을 남기고 자른다.
② 도넛의 눈 아래쪽에 바느질하여 고정한다.

물고기

화려하고 아름다운 꼬리를
뽐내며 바다에서 수영하는
멋진 친구랍니다. 여러가지
색으로 물고기를 만들어
수족관을 장식해 보세요!

준비할 재료

* **모사용 코바늘**: 3mm, 4mm

* **실**: 민트색, 파랑, 주황, 분홍

* **인형 눈**: 2x10~14mm

* 인형 눈은 검정 실로 만들 수도 있다. 나사형 인형 눈은 3세 이상의 어린이에게만 사용한다.

도넛

⊕ **기본 도넛**: 민트색 ⊕ **아이싱**: 민트색

머리

⊕ **바늘**: 4mm ⊕ **실**: 민트색, 분홍, 파랑

⊕ **뜨개 방법**

- **민트색 실**

1단: 매직링 안에 짧은뜨기 6(6코)

2단: [짧은뜨기 1, 1코에 짧은뜨기 2] × 3(9코)

3단: 모든 코에 짧은뜨기 1(9코)

4단: [짧은뜨기 2, 1코에 짧은뜨기 2] × 3(12코)

5단: [짧은뜨기 1, 1코에 짧은뜨기 2] × 6(18코)

6단: 모든 코에 짧은뜨기 1(18코)

- **분홍, 파랑 실 혼합, 실 바꾸기**

7단: [짧은뜨기 2, 1코에 짧은뜨기 2] × 6(24코)

- **민트색 실로 바꾸기**

8단: 모든 코에 짧은뜨기 1(24코)

- **분홍 실과 파랑 실 혼합, 실 바꾸기**

9단: [짧은뜨기 3, 1코에 짧은뜨기 2] × 6(30코)

- **민트색 실로 바꾸기**

10단: 모든 코에 짧은뜨기 1(30코)

❂ 마무리

① 빼뜨기한 후 10cm 이상 실을 남기고
   자른다.
② 도넛에 바느질하여 고정한다.

눈

① 인형 눈을 사용한다면 도넛을 만들
   때 아이싱의 6단과 7단 사이에 미리
   붙인다.
② 3세 미만의 아이를 위한 인형을 만들
   때는 코바늘뜨기나 자수로 눈을 만든
   다.(11쪽 참조)

가슴 지느러미(2개)

❂ **바늘**: 3mm
❂ **실**: 분홍, 파랑 혼합
❂ **뜨개 방법**
1단: 사슬뜨기 9, 2번째 사슬에서 시작
   하여 1코에 긴뜨기 3, 짧은뜨기 3,
   빼뜨기 2, 뒤집기(8코)
2단: 사슬뜨기 1(2~4단 사슬은 콧수
   ×), 빼뜨기 2, 짧은뜨기 3, 긴뜨기
   3, 뒤집기(8코)
3단: 사슬뜨기 1, 긴뜨기 3, 짧은뜨기
   3, 빼뜨기2, 뒤집기(8코)
4단: 사슬뜨기 1, 2코에 빼뜨기, 짧은뜨
   기 3, 긴뜨기 3(8코)

❂ 마무리

① 빼뜨기한 후 10cm 이상 실을 남기고
   자른다.
② 도넛의 구멍 근처에 양쪽으로 나란히
   바느질하여 고정한다.

등 지느러미

❂ **바늘**: 3mm
❂ **실**: 분홍, 파랑 혼합
❂ **뜨개 방법**
1단: 사슬뜨기 6, 2번째 사슬에서 시작
   하여 모든 코에 긴뜨기 1, 뒤집기
   (5코)
2단: 사슬뜨기 1(2~5단 사슬은 콧수
   ×), 긴뜨기 2, 1코에 긴뜨기 2, 긴
   뜨기 2, 뒤집기(6코)
3~4단: 사슬뜨기 1, 모든 코에 짧은뜨
   기 1, 뒤집기(6코)
5단: 사슬뜨기 1, 긴뜨기 4, 안 보이게
   줄이기 1(5코)

❂ 마무리

① 빼뜨기한 후 10cm 이상 실을 남기고
   자른다.
② 반을 접어 도넛의 꼭대기에 바느질하
   여 고정한다.

꼬리 지느러미
(3개, 색상별로 1개씩)

❂ **바늘**: 3mm
❂ **실**: 민트색, 주황, 파랑
❂ **뜨개 방법**
1단: 사슬뜨기 38, 2번째 사슬에서 시
   작하여 긴뜨기 14, 긴뜨기 안 보이
   게 줄이기 4, 긴뜨기 14, 사슬뜨기
   4, 뒤집기(36코)
2단: 2번째 사슬에서 시작하여 긴뜨기
   14, 긴뜨기 안 보이게 줄이기 4,
   긴뜨기 13, 사슬뜨기 4, 뒤집기
   (35코)
3단: 2번째 사슬에서 시작하여 긴뜨기
   13, 긴뜨기 안 보이게 줄이기 4,
   긴뜨기 10, 사슬뜨기 1, 뒤집기
   (28코)
4단: 2번째 사슬에서 시작하여 긴뜨기
   8, 긴뜨기 안 보이게 줄이기 4, 긴
   뜨기 9(21코)

❂ 마무리

① 빼뜨기한 후 10cm 이상 실을 남기고
   자른다.
② 3개의 꼬리 지느러미를 겹쳐서 바느
   질하여 도넛에 고정한다.

고슴도치

이 뾰족한 동물 친구는 숲에서
가장 좋아하는 먹이를 찾기
위해 코를 사용해요. 가장
좋아하는 베리와 과일을
찾아 모닥불 근처에서
친구들과 함께 먹는답니다.

준비할 재료

* **모사용 코바늘**: 3mm, 4mm
* **실**: 베이지색, 갈색
* **자수실**: 검정
* **인형 눈**: 2x10~14mm
* 인형 눈은 검정 실로 만들 수도 있
  다. 나사형 인형 눈은 3세 이상의
  어린이에게만 사용한다.

도넛

⬆ **기본 도넛**: 베이지색

아이싱

⬆ **바늘**: 4mm ⬆ **실**: 갈색

⬆ **뜨개 방법**

사슬뜨기 20, 첫코에 빼뜨기해서 원을 만든다.(20코)

1단: 사슬뜨기 1(사슬은 콧수 ×), [짧은뜨기 1, 1코에 짧은뜨기 2] ×
10(30코)

2단: [방울뜨기 1(123쪽 참조), 짧은뜨기 2] × 10(30코)

3단: [짧은뜨기 2, 1코에 짧은뜨기 2] × 10(40코)

4단: [방울뜨기 2, 1코에 짧은뜨기 2] × 13, 짧은뜨기 1(53코)

5단: [짧은뜨기 3, 1코에 짧은뜨기 2] × 10(50코)

6단: [방울뜨기 1, 짧은뜨기 2] × 16, 짧은뜨기 2(50코)

7단: 모든 코에 짧은뜨기 1(50코)

8단: [방울뜨기 1, 짧은뜨기 2] × 16, 짧은뜨기 2(50코)

9단

프릴 1: 짧은뜨기 1, 긴뜨기 1, 한길긴뜨기 1, 두길긴뜨기 1, 한길긴뜨기
1, 긴뜨기 1, 짧은뜨기 3

프릴 2: 긴뜨기 1, 한길긴뜨기 1, 두길긴뜨기 2, 한길긴뜨기 1, 짧은뜨기
3

프릴 3: 긴뜨기 1, 한길긴뜨기 2, 긴뜨기 1, 짧은뜨기 3

프릴 4: 긴뜨기 1, 한길긴뜨기 1, 두길긴 뜨기 2, 한길긴뜨기 1, 긴뜨기 1, 짧은뜨기 3

프릴 5: 긴뜨기 1, 한길긴뜨기 2, 두길긴 뜨기 1, 한길긴뜨기 1, 긴뜨기 1, 짧은뜨기 3

프릴 6: 긴뜨기 2, 한길긴뜨기 3, 짧은뜨 기 3(50코)

❍ **마무리**

① 빼뜨기한 후 10cm 이상 실을 남기고 자른다.

② 아이싱을 구멍에서부터 시작해서 기본 도넛 가장자리까지 바느질한다.

머리

❍ **바늘**: 3mm ❍ **실**: 베이지색

❍ **뜨개 방법**

1단: 매직링 안에 짧은뜨기 4(4코)

2단: [짧은뜨기 1, 1코에 짧은뜨기 2] × 2(6코)

3단: 3코에 짧은뜨기 2, 짧은뜨기 3(9코)

4단: 3코에 짧은뜨기 2, 짧은뜨기 6(12코)

5단: 3코에 짧은뜨기 2, 짧은뜨기 9(15코)

6단: 3코에 짧은뜨기 2, 짧은뜨기 12(18코)

7단: 모든 코에 짧은뜨기 1(18코)

8단: [짧은뜨기 2, 1코에 짧은뜨기 2] × 6(24코)

9단: 모든 코에 짧은뜨기 1(24코)

10단: [짧은뜨기 3, 1코에 짧은뜨기 2]× 6(30코)

❍ **마무리**

① 빼뜨기한 후 10cm 이상 실을 남기고 자른다.

② 충전재를 채운다.

③ 아이싱과 기본 도넛에 반씩 걸쳐 바느질한다.

코

❍ **바늘**: 돗바늘

❍ **실**: 검정 자수실

① 머리의 끝부분에 실을 여러 번 통과하여 빈틈없이 덮이도록 바느질한다.

② 단단히 묶어 마무리한다.

입

검정 자수실로 코 아래에 선을 수놓는다.

스파이크

① 갈색과 베이지색 실을 여러가닥 준비해 2cm 길이로 자른다.

② 아이싱의 뒤쪽에서 앞쪽으로 실을 꿰어 몸 윗부분 전체에 단단하게 매듭을 짓는다.

③ 비슷한 길이로 자른다.(123쪽 참조)

발(2개)

❍ **바늘**: 3mm ❍ **실**: 갈색

❍ **뜨개 방법**

1단: 매직링 안에 짧은뜨기 4(4코)

2단: 2코에 짧은뜨기 2, 짧은뜨기 2(6코)

3~4단: 모든 코에 짧은뜨기 1(6코)

❍ **마무리**

① 빼뜨기한 후 10cm 이상 실을 남기고 자른다.

② 충전재를 채운다.

③ 균등한 간격으로 바느질하여 고정한다.

꼬리

❍ **바늘**: 3mm ❍ **실**: 갈색

❍ **뜨개 방법**

1단: 매직링 안에 짧은뜨기 4(4코)

2~3단: 모든 코에 짧은뜨기 1(4코)

❍ **마무리**

① 빼뜨기한 후 10cm 이상 실을 남기고 자른다.

② 충전재를 채운다.

③ 머리 반대쪽에 바느질하여 고정한다.

눈

① 인형 눈을 사용한다면 도넛을 만들 때 아이싱의 6단과 7단 사이에 미리 붙인다.

② 3세 미만의 아이를 위한 인형을 만들 때는 코바늘뜨기나 자수로 눈을 만든다.(11쪽 참조)

문어

문어는 하루 종일 바다
친구들과 수영하는 것을
좋아해요. 그녀는 여덟 개의
팔로 빠르게 헤엄쳐 가지요.
이 매력적인 동물 친구를 뜨는
것이 아주 재미있을 거예요.

준비할 재료

* **모사용 코바늘**: 3mm, 4mm

* **실**: 보라, 주황

* **자수실**: 하양, 연보라, 보라, 진
  주황

* **인형 눈**: 2x10~14mm

* 인형 눈은 검정 실로 만들 수도 있
  다. 나사형 인형 눈은 3세 이상의
  어린이에게만 사용한다.

얼굴 한 쪽에 여러 가지
색으로 스프링클을
수놓아 보세요. 자신만의
감각을 뽐내보세요.

도넛

- **기본 도넛**: 보라
- **아이싱**: 주황

큰 촉수(4개)

- **바늘**: 3mm **실**: 주황
- **뜨개 방법**

1단: 사슬뜨기 29, 2번째 사슬에서 시작하여 빼뜨기 2, 짧은뜨기 1, 1코에 짧은뜨기 3, 짧은뜨기 2, 긴뜨기 3코 모아뜨기 1, 긴뜨기 5, 1코에 긴뜨기 4, 긴뜨기 3, 한길긴뜨기 4, 한길긴뜨기 3코모아뜨기 1, 한길긴뜨기 3(29코)

- **마무리**

단단히 묶고 길게 실을 남기고 자른다.

중간 촉수(4개)

- **바늘**: 3mm **실**: 주황
- **뜨개 방법**

1단: 사슬뜨기 20, 2번째 사슬에서 시작하여 빼뜨기 2, 짧은뜨기 1, 1코에 짧은뜨기 3, 짧은뜨기 2, 긴뜨기 1, 긴뜨기 3코모아뜨기 1, 긴뜨기 1, 한길긴뜨기 2, 긴뜨기 3코모아뜨기 1, 긴뜨기 3(17코)

- **마무리**

① 단단히 묶고 길게 실을 남기고 자른다.
② 중간 촉수를 도넛 중앙에 2개 바느질하고, 긴 촉수와 중간 촉수를 번갈아 바느질한다.

눈

① 인형 눈을 사용한다면 도넛을 만들 때 아이싱의 4단과 5단 사이에 미리 붙인다.
② 3세 미만의 아이를 위한 인형을 만들 때는 코바늘뜨기나 자수로 눈을 만든다.(11쪽 참조)
③ 하양 자수실로 눈 가장자리의 반 정도까지 선을 넣는다.

스프링클 & 입

① 하양, 연보라, 보라 자수실로 아이싱 윗부분에 스프링클을 장식한다.
② 진주황 자수실로 눈 아래 중앙에 V 모양의 입을 수놓는다.

라마

다채로운 색을 가진 라마는
언제나 파티 준비가 되어
있어요. 옷을 차려입는 것을
좋아해서 늘 돋보이지요.
화려하게 장식한 귀와 밝은 색의
고삐가 잘 어울리는 친구예요.

준비할 재료

* **모사용 코바늘**: 3mm, 4mm
* **실**: 연회색, 베이지색, 상아색,
  분홍
* **자수실**: 다양한 색
* **인형 눈**: 2x10~14mm
* 인형 눈은 검정 실로 만들 수도 있
  다. 나사형 인형 눈은 3세 이상의
  어린이에게만 사용한다.

입 양쪽에 있는 작은
고삐를 달기 전에 큰 고삐를
먼저 바느질하는 것이
더 빠르답니다.

도넛

- ❍ **기본 도넛**: 연회색
- ❍ **아이싱**: 베이지색

귀(2개)

- ❍ **바늘**: 3mm ❍ **실**: 상아색
- ❍ **뜨개 방법**

1단: 매직링 안에 짧은뜨기 6(6코)
2단: 모든 코에 짧은뜨기 1(6코)
3단: [짧은뜨기 2, 1코에 짧은뜨기 2] × 2(8코)
4단: 모든 코에 짧은뜨기 1(8코)
5단: [짧은뜨기 1, 1코에 짧은뜨기 2] × 4(12코)
6~9단: 모든 코에 짧은뜨기 1(12코)
10단: [짧은뜨기 1, 안 보이게 줄이기 1] × 4(8코)

- ❍ **마무리**

① 빼뜨기한 후 10cm 이상 실을 남기고 자른다.
② 균등한 간격으로 아이싱의 뒤쪽에 바느질하여 고정한다.
③ 다양한 색깔의 실을 사용하여 귀에 스프링클을 수놓는다.

눈

① 인형 눈을 사용한다면 도넛을 만들 때 미리 붙인다.
② 3세 미만의 아이를 위한 인형을 만들 때는 코바늘뜨기나 자수로 눈을 만든다.(11쪽 참조)

주둥이

- ❍ **바늘**: 3mm ❍ **실**: 상아색
- ❍ **뜨개 방법**

1단: 매직링 안에 짧은뜨기 6(6코)
2단: 모든 코에 짧은뜨기 1(6코)
3단: [짧은뜨기 1, 1코에 짧은뜨기 2] × 6(18코)
4단: [짧은뜨기 2, 1코에 짧은뜨기 2] × 6(24코)
5~7단: 모든 코에 짧은뜨기 1(24코)

- ❍ **마무리**

① 빼뜨기한 후 10cm 이상 실을 남기고 자른다.
② 충전재를 채운다.
③ 연분홍 자수실로 코와 입을 수놓는다.
④ 도넛 중앙에 바느질하여 고정한다.

앞 고삐

- ❍ **바늘**: 3mm ❍ **실**: 분홍
- ❍ **뜨개 방법**

1단: 사슬뜨기 5, 2번째 사슬에서 시작하여 짧은뜨기 4(4코)
2~13단: 사슬뜨기 1(사슬은 콧수 ×), 모든 코에 짧은뜨기 1, 뒤집기(4코)

- ❍ **마무리**

① 빼뜨기한 후 10cm 이상 실을 남기고 자른다.
② 주둥이의 위쪽에 바느질한다.

옆 고삐(2개)

- ❍ **바늘**: 3mm ❍ **실**: 분홍
- ❍ **뜨개 방법**

1단: 사슬뜨기 5, 2번째 사슬에서 시작하여 짧은뜨기 4(4코)
2~8단: 사슬뜨기 1(사슬은 콧수 ×), 모든 코에 짧은뜨기 1, 뒤집기(4코)

- ❍ **마무리**

① 빼뜨기한 후 10cm 이상 실을 남기고 자른다.
② 주둥이의 옆쪽에 바느질한다.

귀 장식

다양한 색 자수실을 귀 끝 부분에 꿰매고, 1cm 길이로 잘라 다듬는다.

햄스터

이 귀여운 동물 친구는 빨리 집에 가고 싶어요. 그는 과일과 야채를 갉아먹는 것을 좋아하기 때문에, 간식을 많이 줘야만 한답니다.

준비할 재료

* **모사용 코바늘**: 3mm, 4mm
* **실**: 연분홍, 상아색, 연갈색, 연주황
* **자수실**: 연분홍, 갈색
* **인형 눈**: 2x10~14mm
* 인형 눈은 검정 실로 만들 수도 있다. 나사형 인형 눈은 3세 이상의 어린이에게만 사용한다.

도넛

➔ **기본 도넛**: 연분홍

아이싱

➔ **바늘**: 4mm ➔ **실**: 상아색, 연갈색
➔ **뜨개 방법**

(전체적으로 실을 바꿀 때 사용하지 않는 실을 끊지 않고 같이 안고 뜬다.)

① **상아색**, 사슬뜨기 10
② **연갈색**, 사슬뜨기 10, 빼뜨기해서 원을 만들 때 상아색 실을 걸어 연결한다.

1단:
① **상아색**, 사슬뜨기 1 (사슬은 콧수 x), [짧은뜨기 1, 1코에 짧은뜨기 2] × 5(15코)
② **연갈색**, [짧은뜨기 1, 1코에 짧은뜨기 2] × 5(15코)

2단:
① **상아색**, 짧은뜨기 15(15코)
② **연갈색**, 짧은뜨기 15(15코)

3단:
① **상아색**, [짧은뜨기 2, 1코에 짧은뜨기 2] × 5(20코)
② **연갈색**, [짧은뜨기 2, 1코에 짧은뜨기 2] × 5(20코)

4단:
① **상아색**, 짧은뜨기 20(20코)
② **연갈색**, 짧은뜨기 20(20코)

5단:
① **상아색**, [짧은뜨기 3, 1코에 짧은뜨기 2] × 5(25코)
② **연갈색**, [짧은뜨기 3, 1코에 짧은뜨기 2] × 5(25코)

6~8단:
① **상아색**, 짧은뜨기 25(25코)
② **연갈색**, 짧은뜨기 25(25코)
9단:
- 상아색 실
프릴 1: 짧은뜨기 1, 긴뜨기 1, 한길긴뜨기
　　　1, 두길긴뜨기 1, 한길긴뜨기 1,
　　　긴뜨기 1, 짧은뜨기 3(9코)
프릴 2: 긴뜨기 1, 한길긴뜨기 1, 두길긴뜨
　　　기 2, 한길긴뜨기 1, 짧은뜨기
　　　3(8코)
프릴 3: 긴뜨기 1, 한길긴뜨기 2, 긴뜨기
　　　1, 짧은뜨기 3(7코)
프릴 4: 긴뜨기1 **– 연갈색으로 바꾸기**
　　　한길긴뜨기 1, 두길긴뜨기 2, 한길
　　　긴뜨기 1, 긴뜨기 1, 짧은뜨기 3(9
　　　코)
프릴 5: 긴뜨기 1, 한길긴뜨기 2, 두길긴
　　　뜨기 1, 한길긴뜨기 1, 긴뜨기 1,
　　　짧은뜨기 3(9코)
프릴 6: 긴뜨기 2, 한길긴뜨기 3, 짧은뜨
　　　기 3(8코)
❷ **마무리**
① 빼뜨기한 후 10cm 이상 실을 남기고
　자른다.
② 갈색 자수실로 아이싱의 상아색 부분에
　스프링클을 수놓는다.
③ 아이싱을 구멍에서부터 시작해서 기본
　도넛 가장자리까지 바느질한다.

눈

① 인형 눈을 사용한다면 도넛을 만들 때
　아이싱 연갈색 부분의 4단과 5단 사이
　에 미리 붙인다.
② 3세 미만의 아이를 위한 인형을 만들
　때는 코바늘뜨기나 자수로 눈을 만든
　다.(11쪽 참조)

귀(2개)

❷ **바늘**: 4mm　❷ **실**: 연주황, 연갈색
❷ **뜨개 방법**
- 주황
1단: 매직링 안에 짧은뜨기 6(6코)
- **연갈색으로 바꾸기**
2단: 모든 코에 짧은뜨기 2(12코)
3단: [짧은뜨기 1, 1코에 짧은뜨기 2] ×
　　　6(18코)
❷ **마무리**
① 빼뜨기한 후 10cm 이상 실을 남기고 자
　른다.
② 균등한 간격으로 아이싱의 뒤쪽에 바느
　질하여 고정한다.

팔(2개)

❷ **바늘**: 3mm　❷ **실**: 연분홍, 연갈색
❷ **뜨개 방법**
- 연분홍
1단: 매직링 안에 짧은뜨기 6(6코)
2단: 모든 코에 짧은뜨기 1(6코)
- **연갈색 실로 바꾸기**
3단: [짧은뜨기 1, 1코에 짧은뜨기 2] ×
　　　3(9코)
4~9단: 모든 코에 짧은뜨기 1(9코)
❷ **마무리**
① 빼뜨기한 후 10cm 이상 실을 남기고
　자른다.
② 도넛 양쪽에 바느질하여 고정한다.

다리(2개)

❷ **바늘**: 3mm　❷ **실**: 연갈색
❷ **뜨개 방법**
1단: 매직링 안에 짧은뜨기 6(6코)
2단: 모든 코에 짧은뜨기 2(12코)
3단: [짧은뜨기 1, 1코에 짧은뜨기 2] ×

6(18코)
4~5단: 모든 코에 짧은뜨기 1(18코)
❷ **마무리**
① 빼뜨기한 후 10cm 이상 실을 남기고 자
　른다.
② 팔 아래에 각각 바느질하여 고정한다.

발(2개)

❷ **바늘**: 3mm　❷ **실**: 연갈색
❷ **뜨개 방법**
1단: 매직링 안에 짧은뜨기 6(6코)
2단: 모든 코에 짧은뜨기 2(12코)
3~5단: 모든 코에 짧은뜨기 1(12코)
❷ **마무리**
① 빼뜨기한 후 10cm 이상 실을 남기고 자
　른다.
② 다리 위에 겹쳐 하나씩 바느질하여 고
　정한다.

볼(2개)

❷ **바늘**: 3mm　❷ **실**: 상아색
❷ **뜨개 방법**
1단: 매직링 안에 짧은뜨기 6(6코)
2단: 모든 코에 짧은뜨기 2(12코)
3~4단: 모든 코에 짧은뜨기 1(12코)
❷ **마무리**
① 빼뜨기한 후 10cm 이상 실을 남기고
　자른다.
② 충전재를 채우고, 눈 아래에 바느질하
　여 고정한다.

코

연분홍 실로 눈 사이에 가로선을 수놓는다.

펭귄

얼음 위에서 뒤뚱거리며 걷는
펭귄은 언제든 놀 준비가 되어
있어요. 그는 동물 친구들과
어울리는 것을 정말 좋아하고,
다른 펭귄과 나비넥타이를
교환하는 것도 좋아해요!

준비할 재료

* **모사용 코바늘**: 3mm, 4mm
* **실**: 검정, 하양, 노랑, 빨강
* **인형 눈**: 2x10~14mm
* 인형 눈은 검정 실로 만들 수도 있
  다. 나사형 인형 눈은 3세 이상의
  어린이에게만 사용한다.

도넛

◑ **기본 도넛**: 검정

아이싱

◑ **바늘**: 4mm ◑ **실**: 하양, 검정
◑ **뜨개 방법**
- **하양 실**
사슬뜨기 20, 첫코에 빼뜨기해서 원을 만든다.
1단: 사슬뜨기 1(사슬은 콧수 ×), [짧은뜨기 1, 1코에 짧은뜨기 2] ×
　　　 10(30코)
2단: 모든 코에 짧은뜨기 1(30코)
3단: [짧은뜨기 2 , 1코에 짧은뜨기 2] × 10(40코)
4단: 모든 코에 짧은뜨기 1(40코)
5단: [짧은뜨기 3 , 1코에 짧은뜨기 2] × 10(50코)
- **검정 실로 바꾸기**
6~8단: 모든 코에 짧은뜨기 1(50코)

9단:

프릴 1: 짧은뜨기 1, 긴뜨기 1, 한길긴뜨기 1, 두길긴뜨기 1, 한길긴뜨기 1, 긴뜨기 1, 짧은뜨기 3(9코)

프릴 2: 긴뜨기 1, 한길긴뜨기 1, 두길긴뜨기 2, 한길긴뜨기 1, 짧은뜨기 3(8코)

프릴 3: 긴뜨기 1, 한길긴뜨기 2, 두길긴뜨기 1, 긴뜨기 1, 짧은뜨기 3(8코)

프릴 4: 긴뜨기 1, 한길긴뜨기 1, 두길긴뜨기 2, 한길긴뜨기 1, 짧은뜨기 3(8코)

프릴 5: 긴뜨기 1, 한길긴뜨기 2, 두길긴뜨기 1, 한길긴뜨기 1, 긴뜨기 1, 짧은뜨기 3(9코)

프릴 6: 긴뜨기 2, 한길긴뜨기 3, 짧은뜨기 3(8코)

❷ **마무리**

① 빼뜨기한 후 10cm 이상 실을 남기고 자른다.

② 아이싱을 구멍에서부터 시작해서 기본 도넛 가장자리까지 바느질한다.

부리

❷ **바늘:** 3mm   ❷ **실:** 노랑
❷ **뜨개 방법**

1단: 매직링 안에 짧은뜨기 6(6코)

2단: 모든 코에 짧은뜨기 2(12코)

3~4단: 모든 코에 짧은뜨기 1(12코)

❷ **마무리**

① 빼뜨기한 후 10cm 이상 실을 남기고 자른다.

② 반으로 접어 도넛에 바느질하여 고정한다.

눈(2개)

❷ **바늘:** 3mm   ❷ **실:** 하양
❷ **뜨개 방법**

1단: 매직링 안에 짧은뜨기 6(6코)

2단: 모든 코에 짧은뜨기 2(12코)

❷ **마무리**

① 빼뜨기한 후 10cm 이상 실을 남기고 자른다.

② 하얀 원의 가운데에 인형 눈을 붙인다.

③ 3세 미만의 아이를 위한 인형을 만들 때는 코바늘뜨기나 자수로 눈을 만든다.(11쪽 참조)

날개(2개)

❷ **바늘:** 3mm   ❷ **실:** 검정
❷ **뜨개 방법**

1단: 매직링 안에 짧은뜨기 6(6코)

2단: 모든 코에 짧은뜨기 2(12코)

3단: [짧은뜨기 1, 1코에 짧은뜨기 2] × 6(18코)

4~7단: 모든 코에 짧은뜨기 1(18코)

8단: [짧은뜨기 7, 안 보이게 줄이기 1] × 2(16코)

9단: [짧은뜨기 6, 안 보이게 줄이기 1] × 2(14코)

10단: [짧은뜨기 5, 안 보이게 줄이기 1] × 2(12코)

11단: 모든 코에 짧은뜨기 1(12코)

12단: [짧은뜨기 4, 안 보이게 줄이기 1] × 2(10코)

13단: 모든 코에 짧은뜨기 1(10코)

14단: [짧은뜨기 3, 안 보이게 줄이기 1] × 2(8코)

15단: 모든 코에 짧은뜨기 1(8코)

16단: [짧은뜨기 2, 안 보이게 줄이기 1] × 2(6코)

17단: [안 보이게 줄이기 1] × 2(3코)

❷ **마무리**

① 빼뜨기한 후 10cm 이상 실을 남기고 자른다.

② 도넛의 양쪽에 바느질하여 고정한다.

발(2개)

❷ **바늘:** 3mm   ❷ **실:** 노랑
❷ **뜨개 방법**

1단: 매직링 안에 짧은뜨기 6(6코)

2단: 모든 코에 짧은뜨기 2(12코)

3단: [짧은뜨기 1, 1코에 짧은뜨기 2] × 6(18코)

❷ **마무리**

① 빼뜨기한 후 10cm 이상 실을 남기고 자른다.

② 균등한 간격으로 바느질하여 고정한다.

나비넥타이

나비넥타이를 만들어 부리 아래에 단단하게 바느질한다.(115쪽 참조)

하일랜드 소

이 잘생긴 소는 방금 머리털
손질을 했어요. 그는 추운
스코틀랜드 고원에서 살 수
있는 긴 털을 가지고 있답니다.

준비할 재료

* **모사용 코바늘**: 2.5mm, 3mm,
  4mm

* **실**: 베이지색, 연갈색, 상아색

* **자수실**: 노랑

* **인형 눈**: 2x10~14mm

* 인형 눈은 검정 실로 만들 수도 있
  다. 나사형 인형 눈은 3세 이상의
  어린이에게만 사용한다.

다양한 색의 실을
사용해서 머리털을 만들면
활기차 보여요. 단단히
고정하는 것도 잊지마세요!

도넛

- ❱ **기본 도넛**: 베이지색
- ❱ **아이싱**: 연갈색

눈

① 인형 눈을 사용한다면 도넛을 만들 때 아이싱 4단과 5단 사이에 미리 붙인다.

② 3세 미만의 아이를 위한 인형을 만들 때는 코바늘뜨기나 자수로 눈을 만든다.(11쪽 참조)

귀(2개)

- ❱ **바늘**: 3mm ❱ **실**: 연갈색
- ❱ **뜨개 방법**

1단: 매직링 안에 짧은뜨기 6(6코)

2단: [짧은뜨기 1, 1코에 짧은뜨기 2] × 3(9코)

3단: 모든 코에 짧은뜨기 1(9코)

4단: [짧은뜨기 2, 1코에 짧은뜨기 2] × 3(12코)

5단: [짧은뜨기 3, 1코에 짧은뜨기 2] × 3(15코)

6~8단: 모든 코에 짧은뜨기 1(15코)

- ❱ **마무리**

① 빼뜨기한 후 10cm 이상 실을 남기고 자른다.

② 균등한 간격으로 아이싱의 뒤쪽에 바느질하여 고정한다.

뿔(2개)

- ❱ **바늘**: 2.5mm ❱ **실**: 상아색
- ❱ **뜨개 방법**

1단: 매직링 안에 짧은뜨기 6(6코)

2단: 1코에 짧은뜨기 2, 짧은뜨기 5(7코)

3단: 1코에 짧은뜨기 2, 짧은뜨기 6(8코)

4단: 1코에 짧은뜨기 2, 짧은뜨기 7(9코)

5단: 1코에 짧은뜨기 2, 짧은뜨기 8(10코)

6단: 1코에 짧은뜨기 2, 짧은뜨기 9(11코)

- ❱ **마무리**

① 빼뜨기한 후 10cm 이상 실을 남기고 자른다.

② 충전재를 채운다.

③ 귀의 간격보다 조금 좁게 바느질하여 고정한다.

주둥이

- ❱ **바늘**: 3mm ❱ **실**: 상아색
- ❱ **뜨개 방법**

1단: 사슬뜨기 10, 2번째 사슬에서 시작하여 짧은뜨기 8, 1코에 짧은뜨기 3, 사슬의 반대쪽 고리에 연결하여 짧은뜨기 7, 1코에 짧은뜨기 2(20코)

2단: 1코에 짧은뜨기 2, 짧은뜨기 7, 3코에 짧은뜨기 2, 짧은뜨기 7, 2코에 짧은뜨기 2(26코)

3~4단: 모든 코에 짧은뜨기 1(26코)

- ❱ **마무리**

빼뜨기한 후 10cm 이상 실을 남기고 자른다.

콧구멍(2개)

- ❱ **바늘**: 2.5mm ❱ **실**: 연갈색
- ❱ **뜨개 방법**

1단: 매직링 안에 짧은뜨기 5(5코)

- ❱ **마무리**

① 빼뜨기한 후 10cm 이상 실을 남기고 자른다.

② 적당한 간격으로 주둥이 중앙에 바느질하여 고정한다.

코 링

- ❱ **바늘**: 2.5mm ❱ **실**: 노랑
- ❱ **뜨개 방법**

① 사슬뜨기 8(8코)

② 콧구멍 사이에 바느질한다.

머리카락

① 두 가지 다른 색의 실을 사용해서 각각 10개씩 자른다.

② 자른 실을 아이싱 위의 귀 사이에 단단히 꿰맨다.

③ 5cm 정도로 잘라서 가볍게 빗어주면 풍성해 보인다.(123쪽 참조)

투칸

밝고 활기찬 이 친구는
밖에서 노는 것을 좋아해요.
길고 화려한 색깔의 부리는
열대우림의 무리들 사이에서도
눈에 확 띈답니다.

준비할 재료

* **모사용 코바늘**: 3mm, 4mm
* **실**: 연노랑, 검정, 초록, 파랑, 분홍, 빨강, 연파랑, 하양
* **자수실**: 노랑, 초록
* **인형 눈**: 2x10~14mm
* 인형 눈은 검정 실로 만들 수도 있다. 나사형 인형 눈은 3세 이상의 어린이에게만 사용한다.

도넛

◑ **기본 도넛**: 노랑
◑ **아이싱**: 검정

부리

◑ **바늘**: 3mm
◑ **실**: 빨강, 분홍, 파랑, 초록, 연노랑
◑ **뜨개 방법**
- 빨강 실
1단: 매직링 안에 짧은뜨기 6(6코)
2단: 모든 코에 짧은뜨기 2(12코)
3단: [짧은뜨기 1, 1코에 짧은뜨기 2] × 6(18코)
4단: [짧은뜨기 2, 1코에 짧은뜨기 2] × 6(24코)
- 분홍 실로 바꾸기
5단: [짧은뜨기 3, 1코에 짧은뜨기 2] × 6(30코)

6단: [안 보이게 줄이기 1, 짧은뜨기 1] × 3, [1코에 짧은뜨기 2, 짧은뜨기6] × 3(30코)
7단: [안 보이게 줄이기 1] × 3, [1코에 짧은뜨기 2, 짧은뜨기 7] × 3(30코)
8단: 모든 코에 짧은뜨기 1(30코)
- 파랑 실로 바꾸기
9~12단: 모든 코에 짧은뜨기 1(30코)
- 초록 실로 바꾸기
13~16단: 모든 코에 짧은뜨기 1(30코)
- 연노랑 실로 바꾸기
17~19단: 모든 코에 짧은뜨기 1(30코)
20단: [짧은뜨기 3, 안 보이게 줄이기 1] × 6(24코)
◑ **마무리**
① 빼뜨기한 후 10cm 이상 실을 남기고 자른다.

② 충전재를 채운다.

③ 도넛에 바느질하여 고정한다.

눈(2개)

❏ **바늘**: 3mm　❏ **실**: 하양
❏ **뜨개 방법**
1단: 매직링 안에 짧은뜨기 6(6코)
2단: 모든 코에 짧은뜨기 2(12코)
3단: [짧은뜨기 1, 1코에 짧은뜨기 2] ×
　　　6(18코)
❏ **마무리**
① 빼뜨기한 후 10cm 이상 실을 남기고 자른다.
② 인형 눈을 사용한다면 하얀 원의 중심에 붙인다.
③ 노랑, 초록 자수실로 눈 가장자리의 반 정도씩 선을 수놓는다.
④ 3세 미만의 아이를 위한 인형을 만들 때는 코바늘뜨기나 자수로 눈을 만든다.(11쪽 참조)

날개(2개)

❏ **바늘**: 3mm
❏ **실**: 검정, 빨강, 초록, 연노랑
❏ **뜨개 방법**
- **검정 실**
1단: 매직링 안에 짧은뜨기 6(6코)
2단: 모든 코에 짧은뜨기 2(12코)
3단: [짧은뜨기 1, 1코에 짧은뜨기 2] ×
　　　6(18코)
- **빨강 실로 바꾸기**
4단: 모든 코에 짧은뜨기 1(18코)
- **초록 실로 바꾸기**
5단: 모든 코에 짧은뜨기 1(18코)
- **연노랑 실로 바꾸기**
6단: 모든 코에 짧은뜨기 1(18코)

- **검정 실로 바꾸기**
7단: 모든 코에 짧은뜨기 1(18코)
8단: [짧은뜨기 7, 안 보이게 줄이기 1] ×
　　　2(16코)
9단: [짧은뜨기 6, 안 보이게 줄이기 1] ×
　　　2(14코)
10단: [짧은뜨기 5, 안 보이게 줄이기 1]
　　　× 2(12코)
11단: 모든 코에 짧은뜨기 1(12코)
12단: [짧은뜨기 4, 안 보이게 줄이기 1]
　　　× 2(10코)
13단: 모든 코에 짧은뜨기 1(10코)
14단: [짧은뜨기 3, 안 보이게 줄이기 1]
　　　× 2(8코)
15단: 모든 코에 짧은뜨기 1(8코)
16단: [짧은뜨기 2, 안 보이게 줄이기 1]
　　　× 2(6코)
17단: 안 보이게 줄이기 3(3코)
❏ **마무리**
① 빼뜨기한 후 10cm 이상 실을 남기고 자른다.
② 도넛 구멍의 아래쪽에 날개를 붙인다.

가슴 패치

❏ **바늘**: 3mm　❏ **실**: 하양
❏ **뜨개 방법**
1단: 매직링 안에 짧은뜨기 6(6코)
2단: 모든 코에 짧은뜨기 2(12코)
3단: [짧은뜨기 1, 1코에 짧은뜨기 2],
　　　끝까지 반복(18코)
4단: 3코에 짧은뜨기 2, 짧은뜨기 6, 3코
　　　에 짧은뜨기 2,짧은뜨기 6(24코)
❏ **마무리**
① 빼뜨기한 후 10cm 이상 실을 남기고 자른다.
② 부리 아래쪽에 바느질하여 고정한다.

발

❏ **바늘**: 3mm　❏ **실**: 연파랑
❏ **뜨개 방법**
1단: 사슬뜨기 7, 2번째 사슬에서 시작하여 짧은뜨기 5, 1코에 짧은뜨기 2, 사슬의 반대쪽 고리에 연결해서 짧은뜨기 5, 1코에 짧은뜨기 2(14코)
2~4단: 모든 코에 짧은뜨기 1(14코)
5단: [짧은뜨기 5, 안 보이게 줄이기 1] ×
　　　2(12코)
6단: [짧은뜨기 2, 안 보이게 줄이기 1] ×
　　　3(9코)
7~9단: 모든 코에 짧은뜨기 1(9코)
9단: 모든 코에 뒷고리 이랑뜨기 1(9코)
　　　(119쪽 참조)
10~12단: 모든 코에 짧은뜨기 1(9코)
❏ **마무리**
① 빼뜨기한 후 10cm 이상 실을 남기고 자른다.
② 가슴 패치의 아래쪽에 바느질한다.

꼬리

❏ **바늘**: 3mm　❏ **실**: 검정
❏ **뜨개 방법**
1단: 매직링 안에 짧은뜨기 6(6코)
2단: 모든 코에 짧은뜨기 2(12코)
3~7단: 모든 코에 짧은뜨기 1(12코)
8단: [짧은뜨기 2, 안 보이게 줄이기 1] ×
　　　3(9코)
9~11단: 모든 코에 짧은뜨기 1(9코)
❏ **마무리**
① 빼뜨기한 후 10cm 이상 실을 남기고 자른다.
② 부리의 반대편 도넛에 바느질한다.

뱀

미끄러운 몸으로 기어다니는
그는 친구들 사이에서 인기가
좋아요! 아주 용감하거든요.
풀밭에서 위장하기 위해 많은
줄무늬를 가지고 있답니다.

준비할 재료

* **모사용 코바늘**: 2.5mm, 3mm,
  4mm

* **실**: 초록, 연연두, 분홍, 연노랑

* **인형 눈**: 2x10~14mm

* 인형 눈은 검정 실로 만들 수도 있
  다. 나사형 인형 눈은 3세 이상의
  어린이에게만 사용한다.

도넛

◐ **기본 도넛**: 초록   ◐ **아이싱**: 연연두

머리

◐ **바늘**: 4mm   ◐ **실**: 연연두

◐ **뜨개 방법**

1단: 매직링 안에 짧은뜨기 6(6코)

2단: [짧은뜨기 1, 1코에 짧은뜨기 2] × 3(9코)

3단: [짧은뜨기 2, 1코에 짧은뜨기 2] × 3(12코)

4단: 모든 코에 짧은뜨기 1(12코)

5단: [짧은뜨기 3, 1코에 짧은뜨기 2] × 3(15코)

6단: 모든 코에 짧은뜨기 1(15코)

7단: [짧은뜨기 4, 1코에 짧은뜨기 2] × 3(18코)

8단: 모든 코에 짧은뜨기 1(18코)

– 인형 눈을 사용한다면 7단과 8단 사이, 4코 간격으로 붙인다.

9단: [짧은뜨기2, 1코에 짧은뜨기 2] × 6(24코)

10~13단: 모든 코에 짧은뜨기 1(24코)

14단: [짧은뜨기 2, 안 보이게 줄이기 1] × 6(18코)

15단: [짧은뜨기 1, 안 보이게 줄이기 1] × 6(12코)

16단: 모든 코에 짧은뜨기 1(12코)

17~18단: 긴뜨기 6, 짧은뜨기 6(12코)

- 초록 실로 바꾸기

19~20단: 긴뜨기 6, 짧은뜨기 6(12코)

- 연두 실로 바꾸기

21단: 모든 코에 짧은뜨기 1(12코)

⟳ 마무리

① 빼뜨기한 후 10cm 이상 실을 남기고 자른다.

② 충전재를 채운다.

③ 도넛에 바느질하여 고정한다.

눈

인형 눈을 사용한다면 7단과 8단 사이, 4코 간격으로 붙인다.(11쪽 참조)

혀

⟳ 바늘: 2.5mm   **⟳ 실**: 분홍

⟳ 뜨개 방법

1단: 사슬뜨기 6, 2번째 사슬에서 시작하여 빼뜨기 3, 사슬뜨기 3, 2번째 사슬에서 시작하여 빼뜨기 3

⟳ 마무리

① 빼뜨기한 후 10cm 이상 실을 남기고 자른다.

② 입 안쪽 끝에 꿰매어 고정한다.

꼬리

⟳ 바늘: 3mm

⟳ 실: 연노랑, 연연두, 초록

⟳ 뜨개 방법

- 연노랑 실

1단: 매직링 안에 짧은뜨기 4(4코)

2단: 1코에 짧은뜨기 2, 짧은뜨기 3(5코)

3단: 1코에 짧은뜨기 2, 짧은뜨기 4(6코)

4단: [짧은뜨기 2, 1코에 짧은뜨기 2] × 2(8코)

- 연연두 실로 바꾸기

5단: 모든 코에 뒷고리 이랑뜨기 1(8코)

6단: 모든 코에 짧은뜨기 1(8코)

7단: [짧은뜨기 3, 1코에 짧은뜨기 2] × 2(10코)

- 초록 실로 바꾸기

8단: 모든 코에 짧은뜨기 1(10코)

9단: [짧은뜨기 4, 1코에 짧은뜨기 2] × 2(12코)

- 연연두 실로 바꾸기

10단: 모든 코에 짧은뜨기 1(12코)

11단: [짧은뜨기 5, 1코에 짧은뜨기 2] × 2(14코)

- 초록 실로 바꾸기

12단: 모든 코에 짧은뜨기 1(14코)

13단: 짧은뜨기 7, 긴뜨기 7(14코)

- 연연두 실로 바꾸기

14~15단: 짧은뜨기 7, 긴뜨기 7(14코)

- 초록 실로 바꾸기

16~17단: 짧은뜨기 7, 긴뜨기 7(14코)

- 연연두 실로 바꾸기

18단: 모든 코에 짧은뜨기 1(14코)

⟳ 마무리

① 빼뜨기한 후 10cm 이상 실을 남기고 자른다.

② 머리의 반대쪽에 바느질하여 고정한다.

큰 삼각형(6개)

⟳ 바늘: 3mm   **⟳ 실**: 초록

⟳ 뜨개 방법

1단: 사슬뜨기 6, 2번째 사슬에서 시작하여 모든 코에 짧은뜨기 1(5코)

2단: 사슬뜨기 1(2~5단 사슬은 콧수 ×), 짧은뜨기 1, 안 보이게 줄이기 1, 짧은뜨기 2, 뒤집기(4코)

3단: 사슬뜨기 1, 짧은뜨기 1, 안 보이게 줄이기 1, 짧은뜨기 1, 뒤집기(3코)

4단: 사슬뜨기 1, 짧은뜨기 1, 안 보이게 줄이기 1, 뒤집기(2코)

5단: 사슬뜨기 1, 안 보이게 줄이기 1(1코)

⟳ 마무리

① 빼뜨기한 후 10cm 이상 실을 남기고 자른다.

② 균등한 간격으로 바느질한다.

뜨개선(12개)

⟳ 바늘: 2.5mm   **⟳ 실**: 연노랑

⟳ 뜨개 방법

① 사슬뜨기 9(9코)

② 실을 길게 남기고 자른다.

③ 삼각형 무늬의 양쪽에 바느질한다.

액세서리

적은 양의 실로도 동물 친구들에게 개성을 더할 수 있는 다양한 액세서리를 만들 수 있어요.

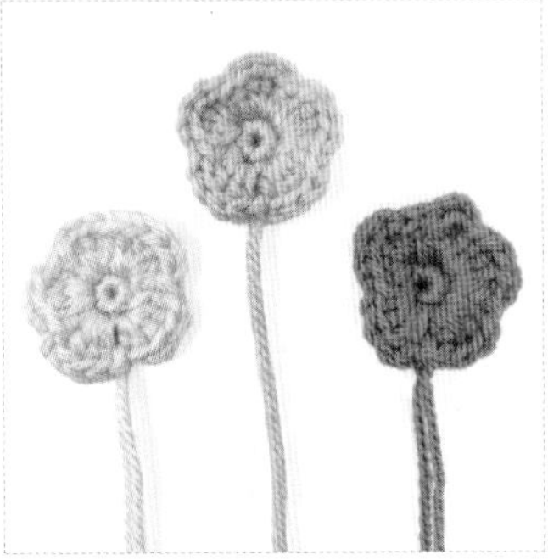

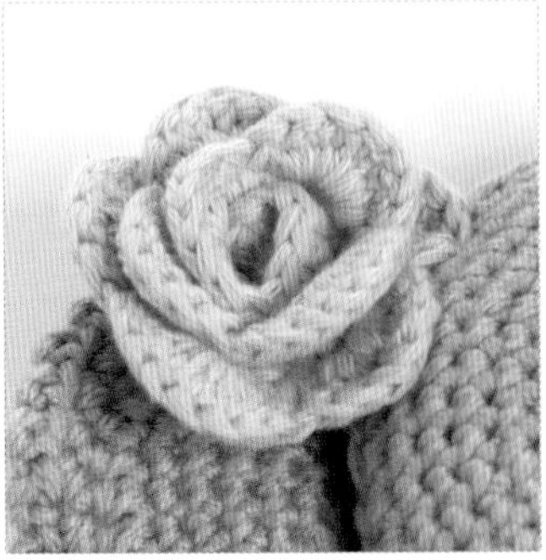

작은 꽃
(토끼, 거북이, 양, 달팽이, 소)

바늘: 2mm

뜨개 방법

① **1단**: 매직링 안에 짧은뜨기 5, 실을 당겨 링 조이기, 빼뜨기(5코)

② **2단**: 사슬뜨기 1(사슬은 콧수 ×), [긴뜨기 1, 한길긴뜨기 3, 긴뜨기 1] × 5 (꽃잎 5)

빼뜨기한 후 길게 실을 남기고 자른다.

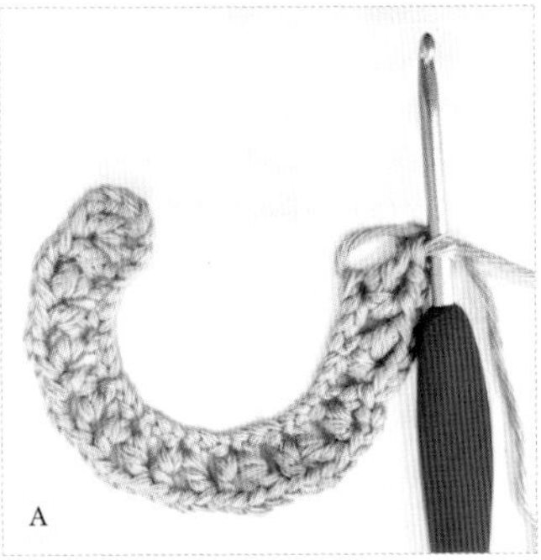

A

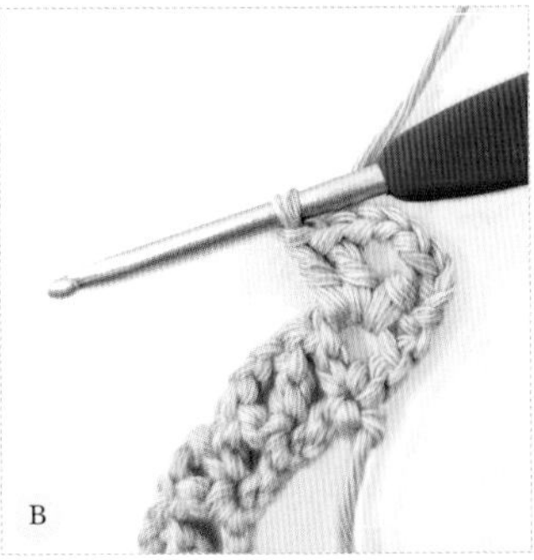

B

큰꽃(코끼리)

바늘: 2.5mm

뜨개 방법

1단: ① 사슬뜨기 36, 6번째 사슬에 한길긴뜨기 1

② [2코 건너뛰기, V스티치(**한길긴뜨기 1, 사슬뜨기 2, 같은 코에 한길긴뜨기 1**) 1]×10 Ⓐ

③ 뒤집기

2단: ① 사슬뜨기 3(사슬은 콧수 ×)

② V스티치 중앙에 V스티치(**한길긴뜨기 1, 사슬뜨기 3, 같은 코에 한길긴뜨기 2**) 1 Ⓑ

③ [다음 V스티치 중앙에 V스티치(**한길긴뜨기 2, 사슬뜨기 3, 같은 코에 한길긴뜨기 2**) 1]×10 Ⓒ

④ 뒤집기

3단: ① 사슬뜨기 1(사슬은 콧수 ×)

② [V스티치 중앙에 한길긴뜨기 7, 다음 V스티치 사이에 짧은뜨기 1]×10 Ⓓ

③ V스티치 중앙에 한길긴뜨기 7, 마지막 코에 짧은뜨기 1

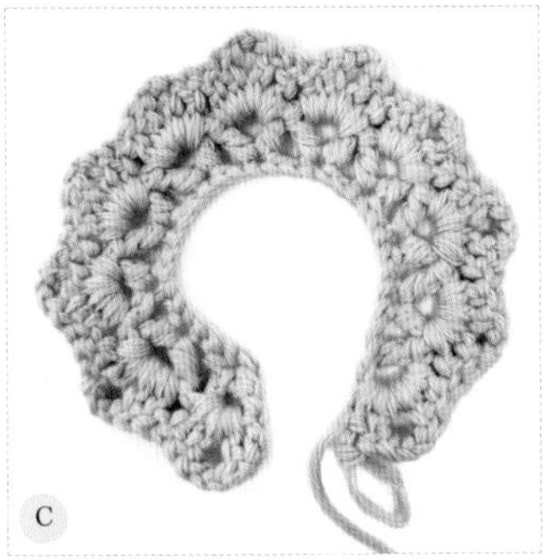

C

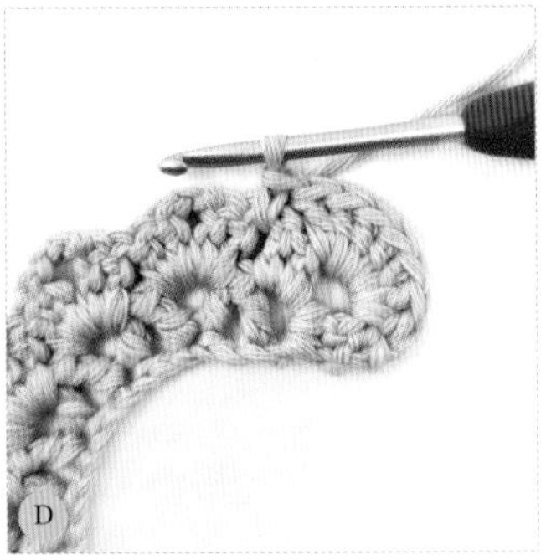

D

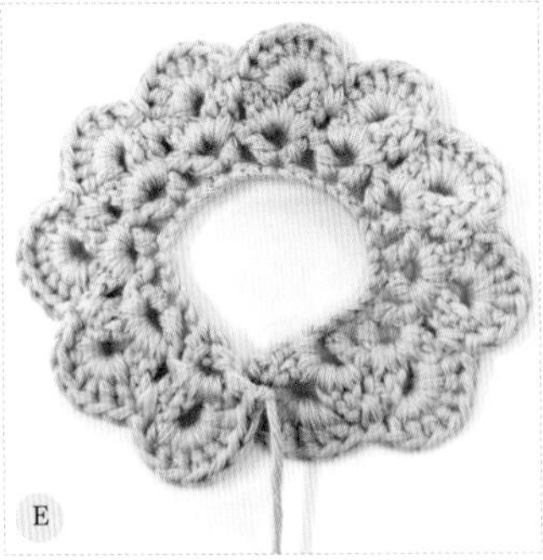

E

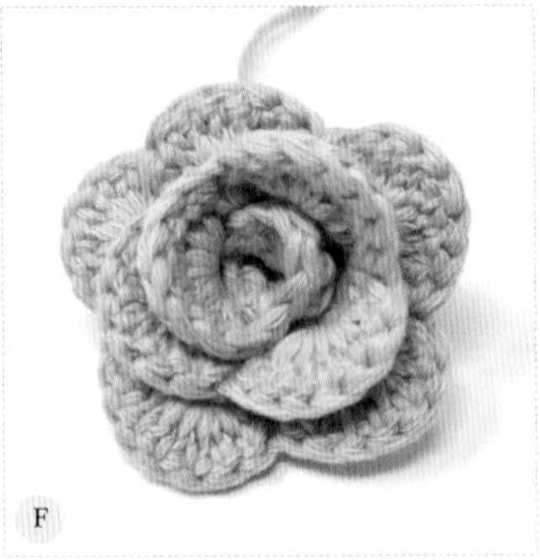

F

④ 길게 실을 남기고 자른다. ⑤
⑤ 꽃을 나선형으로 꼬아 꿰매어 고정한다. ⑥

나비넥타이
(돼지, 하마, 펭귄)

○ **바늘**: 2.5mm
○ **뜨개 방법**
① **1단**: 사슬뜨기 4, 2번째 사슬에서 시작하여 짧은뜨기 3(3코)
② **2~12단**: 사슬뜨기 1, 짧은뜨기 3, 뒤집기(3코) ⑥
③ 길게 실을 남기고 자르고 묶는다.
④ 뜨개의 양쪽 끝을 맞닿게 하고, 바느질하여 연결한다. ⑭
⑤ 남은 실로 가운데 부분을 여러번 감아 나비넥타이 모양을 만든다. ①

불가사리
(게, 해파리)

○ **바늘**: 2.5mm
○ **뜨개 방법**
1단: 매직링 ① 안에 짧은뜨기 10(10코)
2단: [짧은뜨기 1, 1코에 짧은뜨기 2] × 5, 빼뜨기(15코) ⑭
3단: [사슬뜨기 7, 2번째 사슬에 빼뜨기1, 짧은뜨기 2, 긴뜨기 1, 한길긴뜨기 2, 매직링의 사슬코 1코 건너뛰고 빼뜨기 2] × 5 ⑭~⑯
실을 길게 남기고 자른다. ⑰

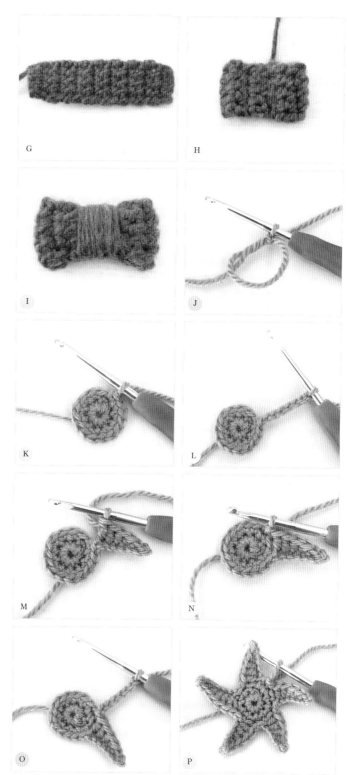

G

H

I

J

K

L

M

N

O

P

만들기 컬렉션

어린 시절에 무엇을 모으는 것이 좋았는지 기억해 보세요. 우리 아이가 동물 친구들과 함께 자기만의 컬렉션을 만들도록 도와주세요.

사파리 컬렉션

아프리카의 평원이나 열대의 늪지에는 얼마나 많은 동물들이 살고 있을까요? 자신만의 사파리 컬렉션을 완성해 보세요.

봄맞이 컬렉션

꽃이 피고, 태양이 빛나고, 부활절이 다가오는 사랑스러운 시기에 봄맞이 컬렉션을 만들어 보는게 어때요?

기념일 컬렉션

크리스마스, 추수감사절, 할로윈 등 동물 친구들이 함께할 수 있는 기념일 컬렉션을 만드는 것도 재미있을 거예요.

농장 동물 컬렉션

농장에서 쉽게 볼 수 있는 소, 오리, 양, 개, 돼지 동물 친구들이 있어요. 농장 동물 컬렉션을 만들 수 있어요.

바다 컬렉션

바닷속 동물을 찾아 바다 컬렉션을 만들어 볼까요? 여러분은 바닷속 동물을 얼마나 찾을 수 있나요? 바위 밑을 살펴보는 것도 잊지마세요.

공룡 컬렉션

아주 오래 되었거나, 실제로는 살지 않는 동물들도 있어요. 트리케라톱스는 유니콘이나 외계인과 어울리는 걸 좋아할 수도 있답니다.

도넛 게임

동물 친구들과 함께 할 수 있는 여러가지 게임이 있어요. 새로운 아이디어를 생각해 보세요.

사파리 탐험

여러분의 집이나 정원에서 나만의 사파리 여행을 떠나보세요. "쉿!" 동물들의 서식지를 탐험할 때는 동물들을 놀라지 않게 조심하세요. 사파리 탐험은 동물과 동물의 세계에 대해 배울 수 있답니다. 탐험을 즐기세요.

베이킹 & 차 파티

도넛을 '굽는' 것을 즐기고, 화려한 아이싱과 맛있는 토핑으로 장식하는 척 해봐요. 여러분의 모든 친구에게 대접하는 거예요. 물론, 입에 넣지는 마세요. 그런 척 하는 파티랍니다.

비밀 산타

즐거운 크리스마스 게임을 하려면, 동물 친구들을 집안 곳곳에 숨기세요. 도넛을 찾으면 준비해 둔 크고 작은 선물을 주는 거예요. 멋진 크리스마스가 되겠죠? 으스스하게 만든 동물 친구를 할로윈에 깜짝 선물할 수도 있어요!

스토리텔링

잠들기 전에 들려주는 이야기에 동물 친구들을 등장시켜도 좋아요. 가방에 넣어 둔 도넛을 꺼내며 재미있는 이야기를 만들어 보세요. 캐릭터에 대한 이야기를 꾸며내고 상상력을 발휘해 보는 거예요.

동물 가족

다양한 동물 가족을 만들어 보세요. 액세서리를 조합해서 완벽한 세트를 만들어도 좋아요.

셈 배우기

다양한 동물 친구들을 홀수, 짝수로 구분해 보세요. 아이들이 더하기, 빼기, 세는 법 등을 재미있게 배울 수 있어요.

뜨개질 기초

시작코

코바늘을 시작할 때 매듭으로 시작한다. 손가락이나 바늘로 원을 만들고①, 실을 당겨 바늘에 고리를 만든다.②

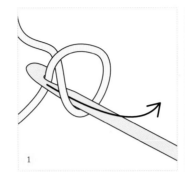 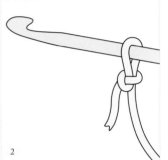

사슬뜨기

바늘에 실을 감아① 코 안으로 잡아빼면 하나의 사슬뜨기가 완성된다.② 만들기 방법에 표시된 만큼 반복하여 기초 사슬코를 만든다.

 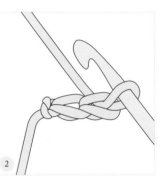

빼뜨기

빼뜨기는 모든 코바늘 뜨개 중 가장 짧다. 높이를 추가하지 않고 코를 이동하거나 마무리할 때 사용한다. 바늘을 다음 코에 넣고 실을 감아 한꺼번에 잡아빼면 완성된다.

뒷고리(앞고리) 이랑뜨기

뜨개를 하면 상단 부분에 총 두 개의 고리가 생긴다. 일반적으로 두 개의 고리를 모두 걸어 뜨지만, 뒷고리(앞고리) 이랑뜨기 표시가 있으면 뒤쪽(앞쪽) 고리에만 바늘을 걸어 뜬다.

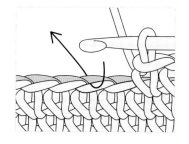

짧은뜨기

짧은뜨기는 이 책에서 가장 많이 사용되는 기법이다. 바늘을 다음 코에 넣고①, 실을 감아 1코만 통과시켜 잡아 빼면② 바늘에는 2개의 고리가 남는다. 다시 실을 감아 남은 2개의 고리를 한번에 통과시키면③ 짧은뜨기가 완성된다.④ 다음 코에 바늘을 넣어 계속 뜬다.⑤

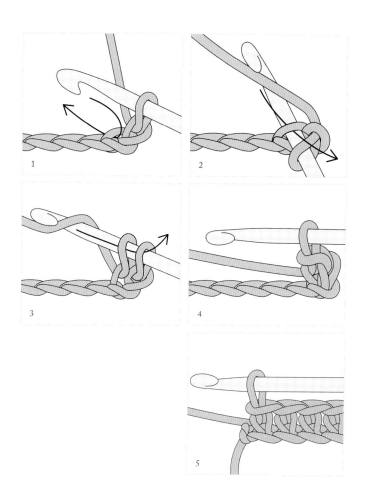

긴뜨기

긴뜨기는 3개의 고리를 한번에 통과하는 뜨개 방법이다. 코의 길이는 짧은뜨기와 한길긴뜨기의 중간 정도 길이이다.

먼저 바늘에 실을 감고, 코를 통과한다.① 실을 감아 바늘에 걸린 3개의 고리를 한번에 통과하며 잡아 빼면 긴뜨기가 완성된다.② 다음 코에 바늘을 넣어 계속 뜬다.③

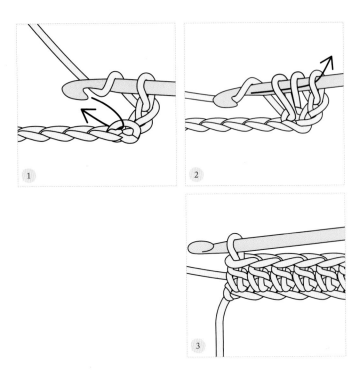

한길긴뜨기

한길긴뜨기는 짧은뜨기나 긴뜨기보다 코의 길이가 길다. 먼저 바늘에 실을 감고 코를 통과한다.① 실을 다시 감아 코를 통과하면, 바늘에 3개의 고리가 남는다.② 실을 다시 감아 2개의 고리만 통과시켜 빼면, 바늘에 2개의 고리가 남는다. 마지막으로 실을 감아 남은 2개의 고리를 한번에 통과하며 잡아 빼면 한길긴뜨기가 완성된다.③ 다음 코에 바늘을 넣어 계속 뜬다.④

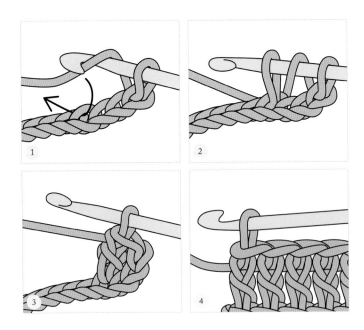

두길긴뜨기

두길긴뜨기는 한길긴뜨기보다 길다. 먼저 바늘에 실을 2번 감고 코를 통과한다.① 실을 다시 감아 2개 코를 통과하면 바늘에 4개의 고리가 남는다. 실을 다시 감아 2개의 고리만 통과시키면② 바늘에 3개의 고리가 남는다. 실을 다시 감아 2개의 고리만 통과시키면 바늘에 2개의 고리가 남는다. 마지막으로 실을 다시 감아 남은 2개의 고리를 통과하며 잡아 빼면 두길긴뜨기가 완성된다. 다음 코에 바늘을 넣어 계속 뜬다.

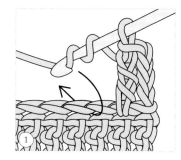 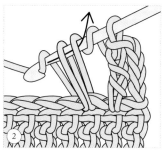

늘리기

코를 늘리려면 한 코에 2개 코를 뜬다.

안 보이게 줄이기

보이지 않게 줄이는 방법은 인형 만들기에 아주 효과적이다. 마무리가 깔끔하고 줄인 부분이 고르게 보이기 때문이다.
첫 번째 코의 앞쪽 고리에만 바늘을 끼우고, 연이어 두 번째 코의 앞쪽 고리에 바늘을 끼운다.① 바늘에 3개의 고리가 남으면 실을 감아 2개의 고리만 통과시킨다.② 바늘에 2개의 고리가 남으면 실을 다시 감아 2개의 고리를 통과하며 잡아 뺀다.③

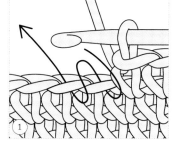 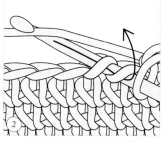

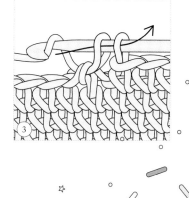

긴뜨기 안 보이게 줄이기

먼저 바늘에 실을 감는다.① 첫 번째 코와 두 번째 코의 앞고리에 바늘을 끼우면 바늘에 4개의 고리가 걸린다.② 실을 다시 감아 2개의 고리를 통과해 잡아 빼면 바늘에 3개의 고리가 남는다.③ 다시 실을 감아 남은 고리를 다 빼낸다.④

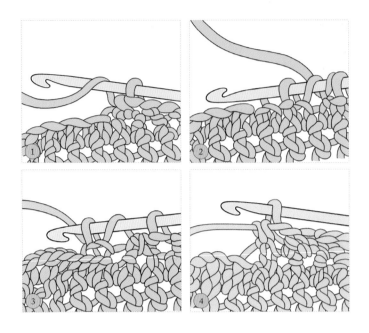

긴뜨기 3코 모아뜨기

먼저 바늘에 실을 감는다. 다음 코에 바늘을 끼우고, 다시 실을 감아① 첫 번째 1코를 통과한다.② 여기까지 부분을 2번 더 반복하면 바늘에 7개의 고리가 남는다.③ 실을 다시 감아 남은 고리를 모두 통과하며 잡아 뺀다.④

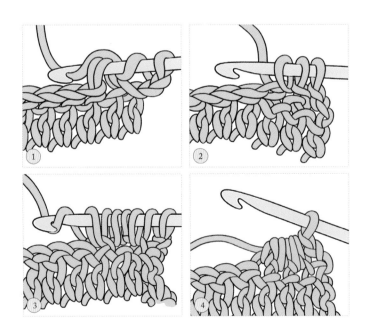

한길긴뜨기 3코 모아뜨기

먼저 바늘에 실을 감는다. 다음 코에 바늘을 끼우고, 다시 실을 감아 잡아 뺀다. 다시 실을 감아 2코를 통과하여 빼낸다. 여기까지 부분을 2번 더 반복하면 바늘에 4개의 고리가 남는다. 실을 다시 감아 남은 고리를 모두 통과하며 잡아 뺀다.

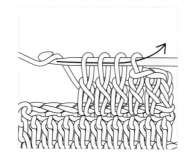

방울뜨기

먼저 바늘에 실을 감는다. 다음 코에 바늘을 끼우고, 다시 실을 감아 잡아 빼면 바늘에 3개의 고리가 남는다. 다시 실을 감아 2코를 통과하여 빼내면 미완성 두길긴뜨기가 완성된다. 바늘에 2개의 고리가 남아 있다. 여기까지 부분을 같은 코에 3번 더 반복하면 바늘에 5개의 고리가 남는다. 실을 다시 감아 남은 고리를 모두 통과하면 잡아 뺀다.

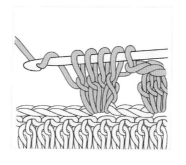

방울뜨기는 두길긴뜨기를 여러번 뜬 것이에요. 작품에서는 둥근 털뭉치로 표현된답니다.

조개뜨기

조개뜨기는 짧은뜨기 1개와 한길긴뜨기(조개모양) 5개가 합쳐진 것이다. 첫 번째 코에 짧은뜨기 1개를 한다. *실을 감고, 3번째 코에 바늘을 통과하여 빼낸다. 실을 다시 감고 2개의 고리를 통과해 빼낸다. 실을 다시 감고 남은 2개의 고리를 통과하여 잡아 뺀다. *부터 여기까지 부분을 같은 코에 4번 더 반복하면 조개뜨기가 완성된다. 이어 다음 3번째 코에 짧은뜨기 1개를 한다 ②.

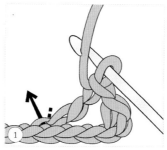
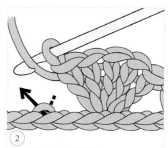

머리카락 붙이기

코바늘이나 돗바늘을 이용해 붙이려는 코에 통과시킨다. 돗바늘을 사용할 경우에는 코 아래에 실이 반쯤 남을 때까지 잡아당긴 다음 매듭을 묶는다. 코바늘을 사용할 경우 만들어진 고리로 남머지 실을 통과시킨 후 팽팽하게 잡아당겨 마무리한다.

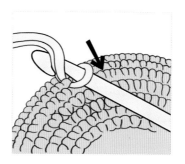

뜨개기법

단

단을 작업할 때는 첫 번째 코에 빼뜨기로 연결할 수도 있고, 연속하여 나선형으로 작업할 수도 있다. 나선형 뜨개를 할 때는 항상 뜨개 마커를 사용하여 각 단의 마지막 코를 표시하고 위로 이동하는 것이 좋다.

매직링(원형코) 만들기

매직링은 첫 단을 길이 조절이 가능한 고리에 원하는 콧수만큼 뜨고 실을 잡아당겨 조이는 기법이다. 매직링을 만들려면 실을 손가락 엄지 검지 사이에 원을 만들어 겹치게 잡는다.① 앞에서 뒤쪽으로 바늘을 넣어 실을 잡아 위쪽으로 당겨 뺀다.② 필요한 만큼 코를 만든다.

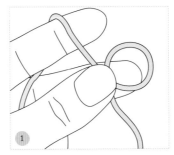 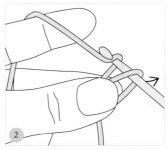

기초 사슬뜨기 작업

인형 작업의 일부는 동그라미 대신 타원형으로 시작한다. 매직링 대신 사슬코를 만들고 타원형으로 뜰 수 있다. 기본 사슬을 따라 뜨고①, 방향을 180도 돌린 후, 사슬의 다른 한쪽 고리에 작업을 한다.② 부드러운 타원형 모양을 유지하기 위해서 사슬이 끝나는 부분에서는 코를 늘린다.③

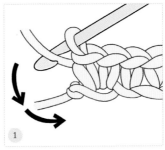 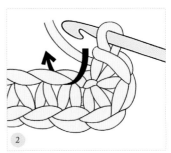

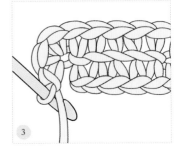

실 색상 바꾸기

실 색상을 바꿀 때 깔끔하게 작업하고 싶다면, 새로운 색을 쓰기 전에 마지막 코에서 작업을 해야 한다.① 똑같이 뜨지만 마지막에 새로운 실을 감고 고리를 통과시킨다.② 새로운 실로 뜨개를 계속한다.③

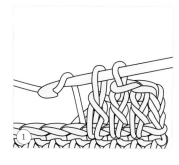
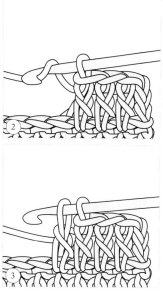

매듭

매듭은 뜨개 작품이 그대로 유지하도록 하기 때문에 중요한 단계이다. 또한 실 끝이 다른 코에 걸려 문제가 생기지 않도록 한다. 뜨개 작업이 끝나면 코를 하나 만들어 실을 통과시켜 잡아당겨 단단히 묶는다. 실을 길게 남겨 숨겨 넣거나, 때에 따라 다른 부분에 연결한다.

뜨개 방향

그림을 참조하여 바른 뜨개 방향을 확인한다.

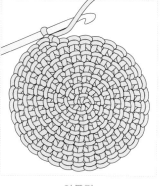

겉면(뜨개 방향)   안쪽면

에필로그

먼저 뜨개를 하는 내내 변함없이 지지해 주고 도움을 준 가족에게 감사드려요. 인생의 이 신나는 시간 동안에 날 집중하게 해주고 지지해 주신 어머니, 아버지, 그리고 코바늘 뜨개를 시작하게 된 이유인 나의 아이들. 당신들이 제 영감의 원천이에요. 사랑합니다.

David과 Charles에게도 감사의 마음을 전합니다. 내 인생에서 가장 보람있는 시간 중 하나였고, 당신들이 내 동물 친구들을 좋아해줘서 정말 기뻤어요.

코바늘 뜨개 서포터들도 빼놓을 수 없지요. 여러분 모두 정말 대단했어요. 나를 믿어주고 이 일을 함께 즐겨 주어서 감사해요. 많은 분이 도넛 친구들을 만들었고, 그것을 지켜보며 매우 행복했어요. 감사합니다!

작가에 대하여

Rachel Zain은 귀여운 코바늘 디자인, 특히 도넛을 사랑하는 코바늘 디자이너입니다. 공예에 대한 열정을 갖고, 손으로 만든 장난감을 좋아합니다. 코바늘 뜨개를 하지 않을 때는 아이들과 밖에서 시간을 보내고, 여행하고, 새로운 장소를 발견하는 것을 좋아합니다. 또한 작은 액세서리를 모으는 것을 즐긴답니다. 그녀는 부모님과 두 아이와 함께 영국에서 살고 있습니다.

Instagram @Oodles_of_Crochet or on
Facebook @Oodlesofcrochetcrafts

CROCHET DONUT BUDDIES By Rachel Zain

Copyright © Rachel Zain, David & Charles LTD, 2022, Suite A,
First Floor, Tourism House, Pynes Hill, Exeter, Devon, UK, EX2 5WS.

Korean translation copyright © 2024, DotBook
Korean translation rights are arranged with David & Charles through
AMO Agency, Korea.

도트니트 01
DotKnit

참 쉬운 홈메이드 인형
코바늘 도넛 인형 50
© 레이첼 자인, 2024

1판 1쇄 펴낸날 2024년 4월 30일

지은이 레이첼 자인 | **옮긴이** 브론테살롱
총괄 이정욱 | **출판팀** 이지선·이정아·이지수 | **디자인** 마타
펴낸이 이은영 | **펴낸곳** 도트북
등록 2020년 7월 9일(제25100-2020-000043호)
주소 서울시 노원구 동일로 242길 87 2F
전화 02-933-8050 | **팩스** 02-933-8052
전자우편 reddot2019@naver.com
블로그 blog.naver.com/reddot2019
인스타그램 @dot_book_
ISBN 979-11-93191-03-3 13590